Erich Dürkop

Die wirtschafts- und handelsgeographischen Provinzen der Sahara, begründet durch nützliche Pflanzen

Erich Dürkop

Die wirtschafts- und handelsgeographischen Provinzen der Sahara, begründet durch nützliche Pflanzen

ISBN/EAN: 9783955623272

Auflage: 1

Erscheinungsjahr: 2013

Erscheinungsort: Bremen, Deutschland

bremen
university
press

Die
wirtschafts- und handelsgeographischen
Provinzen der Sahara,
begründet durch nützliche Pflanzen.

Inaugural-Dissertation

zur

Erlangung der Doctorwürde

einer

hohen philosophischen Fakultät

der

Grossherzogl. Herzogl. Sächsischen Gesamt-Universität Jena

vorgelegt von

ERICH DÜRKOP

aus Wolfenbüttel.

Wolfenbüttel 1902.

Druck der Hecknerschen Druckerei.

Genehmigt von der philosophischen Fakultät der Universität Jena auf Antrag des Herrn Professors Dr. Dove.

Jena, den 22. Februar 1902.

Professor Dr. Cloetta
derz. Decan.

Inhalt.

Das Material zu vorliegender Arbeit wurde zum grössten Teile in der Bibliothek von Justus Perthes' geographischer Anstalt gesammelt, und es ist mir eine angenehme Pflicht, für die Liebenswürdigkeit, mit der mir alles zur Verfügung gestellt wurde, meinen aufrichtigsten Dank auszusprechen.

I.
Allgemeiner Teil.

I.
Definition der Wüste Sahara.

Die Sahara liegt in dem Gürtel der subtropischen Wüsten. Sie ist keineswegs so pflanzenleer, wie man sich gewöhnlich vorstellt. Der Zweck vorliegender Arbeit soll der sein, in ihr einige Wirtschaftsgebiete nützlicher Pflanzen, die im Leben der Eingeborenen wie auch im Welthandel eine Rolle spielen, herauszuarbeiten. Bevor wir aber darangehen, die genauen Grenzen der Sahara festzulegen, ist es ein Haupterfordernis, dass wir uns darüber verständigen, was wir unter einer Wüste zu verstehen haben, da das Operieren mit unklaren Faktoren sonst nur zu Unzuträglichkeiten führt. Es giebt verschiedene Definitionen der Wüste, speciell der Sahara, die jedoch, da sie von verschiedenen Gesichtspunkten ausgehen, verschieden lauten. Nur einige sollen hier erwähnt werden. Rohlfs[1] sagt: »Die Sahara ist ein Gebiet, in dem kein, wenigstens regelmässiger feuchter Niederschlag stattfindet, wo deshalb keine Pflanze wächst, die des Regens bedarf, und wo kein grösseres 4 füssiges Raubtier lebt.« Eine ablehnende Kritik, wenigstens hinsichtlich des letzten Punktes, hat E. von Bary[2] gegeben, indem er auf das verbürgte Vorhandensein von Panthern im nördlichen Fessan, sowie Löwen und anderen grösseren Raubtieren in verschiedenen Teilen der Sahara hinweist.

Eine scheinbar paradoxe Definition hat Rohlfs an einer anderen Stelle gegeben, indem er die Grenzen der Sahara durch das Fehlen des Flohs bezeichnet erklärte.[3] E. von Bary, Ascherson und andere Reisende bestätigen dies.

---

[1] Rohlfs: Quer durch Afrika I p. 195/196.
[2] Zeitschrift der Gesellschaft für Erdkunde zu Berlin 1878 p. 351.
[3] Zeitschrift der Gesellschaft für Erdkunde zu Berlin 1878 p. 352.

Nach D r u d e ist die Sahara ziemlich gut durch die Linie der excessiven Trockenheit (unter 20 cm Niederschlagshöhe) hervorgehoben, wird von der 4 Monate unter 20° C Temperaturmittel umfassenden Grenzlinie durchschnitten und unterscheidet sich durch stärkere Temperaturschwankungen von dem südlich folgenden tropischen Afrika.[1]) — Will man das Wesen einer Wüste schematisch durch die Regenhöhe bestimmen, so kann man die Zahl von 20 bis 30 cm Niederschlagshöhe annehmen, man hat dann aber vor allem auf die Verteilung der Regen im Jahre Rücksicht zu nehmen. So machen, wie mir Professor Dr. D o v e mitteilte, einige Gegenden in Südwestafrika, wo die Regenmenge von 20 cm auf 2 Monate verteilt ist, durchaus nicht den Eindruck einer Wüste, sondern einer Steppe. Sodann muss man auch die Bodenbeschaffenheit in Betracht ziehen; zu durchlässiger Boden kann trotz verhältnissmässig grosser Bewässerung nur klägliche Vegetation hervorbringen, ebenso ein undurchlässiger Boden. Zu D r u d e s Definition ist noch zu bemerken, dass wir aus dem Süden der Sahara gar keine Regenmessungen besitzen; infolgedessen kann die Kurve der Niederschlagshöhe von 20 cm und daher auch die Grenze der Sahara höchst ungenau gezogen werden.

Nach W a l t h e r [2]) ist der wesentliche Charakter einer Wüste die Abflusslosigkeit.

Ich selbst will bei meiner Definition vom wirtschaftlichen Standpunkte ausgehen. Heinrich S e m l e r [3]) widmet der Wüstenwirtschaft in seiner »tropischen Agrikultur« ein besonderes Kapitel, worin er u. a. sagt, dass es im landläufigen Sinne keine Wüste gäbe, da jeder Erdpunkt einem Zweck nutzbar zu machen sei, und wo es nicht erkannt würde, dass da menschliche Kurzsichtigkeit Schuld trüge. Als er dies niederschrieb, dachte er an die Wüstenteile Kaliforniens und Arizonas, wo er vor seinen Augen blühende Oasen hatte entstehen sehen, und an die Mineralschätze, die man hier unter dem Wüstensande gefunden hatte. Aber seine Definition passt nicht auf alle Wüsten; sie hat den Fehler, dass sie sich nicht

---

[1]) Drude: Pflanzengeographie p. 454/455.
[2]) J. Walther: Das Gesetz der Wüstenbildung Cap. 1/2.
[3]) H. Semler: Tropische Agrikultur III p. 740—777.

an das Gegebene, das Vorliegende hält, sondern das zu Grunde
legt, was man aus einer Wüste machen könnte. Soweit man bis
jetzt weiss, werden voraussichtlich viele Plätze in der Sahara un-
benutzt bleiben, da sie nicht in fruchtbares Land verwandelt werden
können und keine Mineralschätze bergen. Das Hauptcharakteristikum
einer Wüste ist die Pflanzenarmut und die davon abhängige Unbewohnbarkeit; denn auf dem Reichtum oder der Armut an Vegetation beruht a priori die Bewohnbarkeit oder Unbewohnbarkeit
einer Landschaft. Die Siedelungen aber, die in vegetationslosen
Gegenden durch nützliche Mineralien hervorgerufen oder zwecks
Sicherung der Handelswege angelegt sind, kommen nicht in Betracht.
Nach Berücksichtigung aller angeführten Punkte definiere ich den
Begriff »Wüste« folgendermassen: Wüsten sind solche regen-
und daher vegetationsarmen Gebiete, in denen jeder
kürzere oder längere Aufenthalt für den Menschen unmöglich ist aus Mangel an genügender, vegetabilischer
Nahrung für ihn selbst wie für das zu seinem Gebrauche
unbedingt notwendige Vieh.

Hier habe ich zu bemerken, dass ich gewisse von andern teils
zu Oasen gerechnete, teils überhaupt nicht klar bezeichnete Gebiete
unter dem Begriff der »Wüstenweide« zusammenfasse. Ich verstehe darunter solche Gebiete, die zwar regenarm sind,
indess soviel Pflanzenwuchs hervorbringen, dass Nomaden
oder sogar ansässige Völker ihr Vieh weiden lassen können,
und die ohne Bebauung des Landes denselben (und ev. Jäger-
völkern) die nötigen Vegetabilien entweder sämtlich oder
doch zum Teil liefern. Die Herausarbeitung dieser Wüstenweiden soll nicht meine specielle Aufgabe sein, indess will ich der
Deutlichkeit wegen einige derselben anführen. Verschiedene Wadis
der mittelarabischen Wüste Aegyptens gehören hierher, denn bei
Schweinfurth[1]) lesen wir: »Es ist wahrlich als ein grosser
Triumph über die Kärglichkeit der Wüstennatur zu betrachten,
dass die Menschen fast ausschliesslich von dem wenigen, was die
Wüste zum Unterhalt darzubieten vermag, zu existieren wissen.«

---

[1]) Schweinfurth: »Forschungen im arabischen Wüstenplateau Mittelaegyptens«
in Petermanns Mitteilungen 1887.

Sodann denke man an das »Land des Hungers«, das südwestliche Tibesti, wo die Bewohner sich mit dem durchschlagen müssen, was ihnen Mutter Natur darbietet, und nur wenig Getreide und Datteln aus andern Gegenden bekommen.[1]

Bei dieser Gelegenheit ist es wohl angebracht, sich Klarheit über die Begriffe »Oase« und »Hattieh« zu verschaffen. Oasen sind in der Wüste gelegene, mit Hülfe künstlicher Bewässerung kultivierte Punkte. Unter »Hattieh« verstehe ich unbewohnte Weideplätze in der Nähe von Oasen oder Karawanenstrassen.

Der Übergang von der Wüste wird durch eine Zone vermittelt, die wir »Wüstensteppe« nennen. Im Süden der Sahara sehen wir erst eine krautreiche Steppe vor uns (dem Aussehen nach einer schottischen Heide ähnlich, wie Denham sagt), dann einzelne Mimosen, den »lichten Mimosenwald«, und hinter diesem erst die Steppenformation. Wollte man das Wesen der Wüstensteppe genauer definieren, so könnte man sagen: »Wüstensteppen sind solche einer Wüste benachbarte Gebiete, in denen unter dem Einfluss schon reichlicherer Regenmengen während der Regenzeit auf weite Strecken hin eine krautreichere Vegetation und ev. sogar Baumwuchs ausserhalb der Wadis und Bodenvertiefungen vorhanden ist.«

Die Grenze zwischen Wüste, Wüstensteppe und Steppe schwankt; man kann nicht einmal bis auf einen Grad genau angeben, wo die Wüste aufhört, wo die Wüstensteppe beginnt. Veränderlich wie die Grenze der Regen, rückt die Steppe je nach den Jahren vor oder weicht zurück. Als Barth Juni 1855 die Tintumma im Norden Kanems durchzog, war sie leblos und schreckhaft, weiter nichts als ein wenig trockenes Kraut und einige Bäume in der Nähe der Quellen boten sich dem Anblick dar,[2] Rohlfs dagegen, der sie 11 Jahre später durchreiste, fand sie krautreich und konnte von einem siegreichen Vordringen der Vegetation nach Norden sprechen.[3]

---

[1] Nachtigal: Sahara und Sudan I 267/268, sowie: »Die Nahrungsverhältnisse der Tibbu Resade« in Zeitschrift der Gesellschaft für Erdkunde zu Berlin 1870 p. 233 ff.

[2] Barth: Reisen und Entdeckungen V p. 416.

[3] Rohlfs: Quer durch Afrika I p. 280.

II.
Grenzen der Wüste Sahara.

Östlich vom Nildelta auf dem Isthmus von Suez erreicht die Wüste das Meer. Die hier noch ziemlich grossen Regenmengen, die nur während der Wintermonate fallen, kommen infolge des flachen und kalkigen Bodens der Vegetation nicht mehr zu gute.[1] Es sollen hier für Port Saïd, Ismaïlia und Suez die Niederschlagsmengen gegeben werden:

Regenmenge in mm.

Ort (Beobachtungsjahre)	Jan.	Febr.	März	April	Mai	Juni	Juli	Aug.	Sept.	Okt.	Nov.	Dez.	Jahr	Schwankung
Pord Saïd[2]) (15)	23	12	10	7	1	0	—	—	0	7	6	25	.92	28 %
Ismaïlia[2]) (15)	12	8	7	4	4	0	—	—	—	5	2	10	52	23 %
Suez[2]) (15)	6	2	2	4	6	0	—	—	0	1	2	3	26	23 o/o

Westlich vom Nil dagegen erstreckt sich die Wüstensteppe in der Marmarika bis ans Mittelmeer. Unter Marmarika versteht man das Küstenland, das zu Libyen in engerm Sinne gehört und im Westen von Derna, im Osten vom Golf der Araber begrenzt ist.[3] Infolge der Regenmenge von 300 mm, die nur auf den Winter verteilt ist, trägt sie eine dichtere Vegetation, was man schon 20 km westlich von Alexandrien erkennt und was besonders deutlich uns im Westen entgegentritt.[3] Nach dem Binnenlande zu üben diese Regen jedoch, die bis Siwah und zu den Natronseeen reichen, infolge des ungünstigen, kalkigen Terrains keinen besonders nachhaltigen Einfluss auf die Vegetation aus.[4] In der Nähe der Küste dagegen ist dank der Niederschläge und stellenweisen Feuchtigkeit an einigen Orten der Ackerbau der Bewohner nicht unbeträchtlich; man baut Weizen und Gerste. Im Sommer aber erscheint die Marmarika trocken und öde, sodass sie der, der sie im regenreichen Winter gesehen hat, nicht wiedererkennt.[5]

---

[1]) Schweinfurth in Petermann 1868 p. 122.

[2]) A. Supan: Die Verteilung des Niederschlags (Ergänzungsheft zu Petermann No. 124) p. 74.

[3]) Schweinfurth in Schweinfurth u. Ascherson: Primitae Florae Marmaricae im Bulletin L'Herbier Boissier.

[4]) Vgl. Anm. [1]).

[5]) Vgl. Anm. [3].

Das Hochland von Barka mit seinem quellendurchrieselten Nord-
abhang hat schönen Nadelwald, Maquis, Myrte und Erdbeerbaum,
sowie prächtige Weiden. Die Regenmenge in Bengasi beträgt **354** mm
und ist folgendermassen über das Jahr verteilt (nach Hann):

Winter	Frühling	Sommer	Herbst
74 %	10 %	0 %	16 %

Das Kultur- und Weideland geht bald in die Wüstensteppe
über, die sich bis $30^{1}/_{2}°$ nördlich von Djarabub und $30°$ nördlich
von Audjila hinzieht, um dann der Wüste Platz zu machen.[1]

Das Küstenland der grossen Syrte gehört ebenfalls zum Über-
gangslande; es hat, abgesehen von Sanddünen und Salzsümpfen, nach
Barth auch »schönen, fruchtbaren Boden«, ist aber nur schwach von
Nomaden bevölkert, arm an Süsswasser und ohne Baumwuchs. Dass
am Westufer der grossen Syrte die Wüste das Meer erreichen
sollte, ist eine falsche Ansicht; die von Vogel citierte Wüste bei
Tripolis, sowie die bei Tadjara und M'ssarāta sind nur lokale
Flugsandanhäufungen.[2]

Die Südgrenze der Wüstensteppe verläuft in Tripolitanien längs
des Harudsch und des Djebel Ssoda, sowie des Nordabhanges der
Hammada el Homra, da diese, worauf Ascherson zuerst hingewiesen hat, nach den Berichten von Reisenden wie Nachtigal,
Vogel, Barth und Rohlfs eine in der Quantität der Vegetation
sehr erkennbare Scheide bilden, da ferner bis hierher auch die
Winterregen des Mittelmeergebiets reichen, unter deren Einfluss in
Djofra (am Djebel Ssoda!) Ackerbau ohne künstliche Bewässerung
möglich ist. Im Nordwesten Tripolitaniens, wo die Grenze zwischen
Wüste und Wüstensteppe schwierig zu ziehen ist, nimmt Ascherson
die Wasserscheide der zum Mittelmeer abfliessenden Wadis des
Djebel Nefūsa als Grenze an und begründet es damit, dass Rohlfs
eine auffällige Zunahme der Vegetation bemerkt hat, als er das
zur Rhadamesgruppe gehörige Derdj hinter sich gelassen hat.[3]
Die mediterrane Abdachung Tripolitaniens hat zwar regelmässige

---

[1] Rohlfs: Kufra. Übersichtskarte von G. Rohlfs Expedition in Tripolitanien,
Barka und der Oasengruppe Kufra. Auch Petermann 1880.

[2] Ascherson in Rohlfs: Kufra p. 401/402.

[3] Ascherson in Rohlfs: Kufra p. 404/405.

Niederschläge, doch genügen diese nur in günstigen Jahren zur Bebauung des Landes ohne künstliche Bewässerung; die Hänge der Gebirge empfangen beträchtlich mehr als die Ebenen an der Küste. Lang andauernde Dürre und mehrere Jahre hintereinander nicht völlig ausbleibende, aber doch ungenügende Winterregen sind hier wie in Barka und an andern Stellen des Übergangslandes nicht gerade selten.[1]) Die Regenmenge in Tripolis beträgt **354** mm und ist folgendermassen übers Jahr verteilt:

Regenmenge in mm.

Ort (Beobachtungsjahre)	Jan.	Febr.	März	April	Mai	Juni	Juli	Aug.	Sept.	Okt.	Nov.	Dez.	Jahr	Schwankung
Tripolis[2]) (8¹/₄) ..	66	50	26	10	8	0	0	2	9	46	58	**79**	354	22 %

Im südlichen Tunesien reicht die Wüstensteppe vom Mittelmeer bis zum Westabhang der Tafelländer von Matmata, Tujân, Ahuâya und Duirât, sowie bis zum Westufer der Schotts El Garsa und El Djerid und umfasst noch das Belad El Djerid.[3]) Die Regen fallen im Winter, doch sind sie nicht bedeutend, da die vorliegenden nördlichen Gebirgszüge die mit Feuchtigkeit beladenen Nord- und Nordwestwinde zum Abregnen zwingen. Die Trockenheit wird noch vermehrt durch die aus der Sahara wehenden Winde; Gabes hat **187** mm Regenmenge:

Ort (Beobachtungsjahre)	Jan.	Febr.	März	April	Mai	Juni	Juli	Aug.	Sept.	Okt.	Nov.	Dez.	Schwankung
Gabes[4]) (3¹/₂)....	15	18	8	11	3	1	0	0	29	30	35	**37**	20 %

Wenn das Belad El Djerid und Tunesiens Süden auch unter hoher Temperatur und ausserordentlicher Trockenheit leiden, so haben sie doch vor Algeriens Süden den Vorzug, dass ihnen durch die vom Meere her wehenden Ost- und Südostwinde (im Sommer 62 %[5]) die aufgenommene Feuchtigkeit als den Pflanzen willkommener Tau zugeführt wird.[6]) Im Süden der saharischen Kette des Atlas zieht sich unter dem Einfluss der Regen eine im Osten schmale, im Westen sich verbreiternde Wüstensteppenzone hin; selbst die Hammada kann hier eine dichte Gesträuchvegetation

---

[1]) Fischer: Die Dattelpalme (Ergänzungsheft zu Petermanns Mitteilungen No. 64) p. 57.

[2]) Vgl. p. 7 Anm. ²).

[3]) Fitzner: Die Regentschaft Tunis p. 311/312. 260 ff.

[4]) Vgl. p. 7 Anm. ²).

[5]) Schirmer: Le Sahara p. 45.

[6]) Fitzner: Die Regentschaft Tunis p. 319/320.

hervorrufen, deren Entwickelung im Winter beginnt und im Frühjahr endet.[1]) Die Umgebung von Biskra bietet nach Schimper das Bild eines sehr sparsam bepflanzten und sehr eigenartigen Gartens, wo die einzelnen Pflanzen durch meterbreite oder noch breitere nackte Streifen von einander getrennt sind.[2]) Im Westen verbreitert sich, wie oben gesagt, die Wüstensteppenzone, so südlich von Wadi Merkala bis Tenduf hin.[3]) Am atlantischen Ozean bilden die östlich und südwestlich von Kap Juby gelegenen Hochflächen, »Mesetas« genannt, mit ihrer noch verhältnismässig guten Weide den Übergang zu der Wüste im Süden und den nördlich von Assaka liegenden fruchtbaren Gebieten der Atlasregion.[4]) Die Regen fallen in der Nähe des Atlas im Frühjahr, an der atlantischen Seite im Herbst.

Regenmenge in mm.

Ort (Beobachtungsjahre)	Jan.	Febr.	März	April	Mai	Juni	Juli	Aug.	Sept.	Okt.	Nov.	Dez.	Jahr	Schwankung
Biskra (14)	11	24	26	30	**31**	6	1	3	21	19	10	17	199	15 %
Laghuat (8)	**27**	23	26	24	18	10	2	5	21	22	14	6	198	13 %
Kap Juby[5]) (1) . . .	45	19	8	7	—	—	—	—	35	**56**	38	17	225	—

Für Kap Juby wird für 1884 eine Niederschlagssumme von 139 mm angegeben, sodass der zweijährige Durchschnitt also 182 mm ist.[6])

Im Westen grenzt die Sahara an den atlantischen Ozean, ohne dass ihr eine Wüstensteppe vorgelagert wäre, wenn auch der Einfluss des atlantischen Ozeans nicht zu verkennen ist, der bewirkt, dass in dem 600 km breiten Küstengürtel von Tiris die Vegetation keineswegs so arten- und individuenarm ist, wie man früher angenommen hatte, und dass es nur wenige Gegenden giebt, in denen durchaus keine Vegetation zu finden ist.[7])

Die Südgrenze ist z. Z. noch unsicher, da es sich um noch wenig erforschte Gebiete handelt. Im atlantischen Ozean hört die

---

[1]) Griesebach: Vegetationen der Erde II p. 88.
[2]) Schimper: Pflanzengeographie p. 642.
[3]) Lenz: Timbuktu p. 31.
[4]) Fitzau: Die Nordwestküste Afrikas von Agadir bis St. Louis. J. A. Leipzig p. 234/235.
[5]) Vergl. p. 7 Anm. [2]).
[6]) Vergl. p. 7 Anm. [2]) und Schimper: Pflanzengeographie p. 638.
[7]) Fitzau: Die Nordwestküste Afrikas . . p. 242/243.

Wüste unter c. 20° n. Br. auf, während weiter landeinwärts Lenz ihre Grenze südlich von Arauan fand.[1]) Der krautreichen Ebene folgt der Mimosenwald, südlich von Arauan »El Azauad« genannt. Nach Westen setzt er sich durch das südliche El Hodh und Kaarta bis zum atlantischen Ozean fort, ungefähr 300 km nördlich von St. Louis endigend.[2]) Über das Land im Nordosten des Nigerknies herrscht noch tiefes Dunkel. Südlich von Aïr scheint der Bergkamm Abadardjen die Grenze der Sahara zu bezeichnen.[3]) Auf der Bornustrasse beginnt die Wüstensteppe südlich von der Oase Dibbela c. 17° n. Br.[4]) (nach Rohlfs' Angaben 18½° n. Br.),[5]) in Ennedi mit dem 16.° n. Br.[6]) Weiter nimmt sie den Norden Darfurs und Kordofans ein. Sie überschreitet den Nil bei der Einmündung des Atbara und schliesst die Etbai genannte Osthälfte Nubiens ein, ein von mehreren parallelen Bergketten von Süden nach Norden bis zum Djebel Gerfe durchzogenes Weideland.

Die klimatologischen Verhältnisse sind ebensowenig bekannt. In den in Rede stehenden Gebieten fallen die Regen im Sommer; dieselben sind im Süden ergiebiger, wo deshalb die Steppe beginnt.

Die jährlichen Sommerregen in Nubien sind nicht überall gleichmässig, doch füllen sie die Brunnen, weshalb sich die Bewohner der wasserarmen Ebene in der Trockenzeit mit ihren zahlreichen Herden hierher begeben. Zu bemerken ist noch, dass die Küstenkette nach dem roten Meere hin eine reichere Vegetation trägt als auf der dem Binnenlande zugekehrten Seite, obwohl sie hier mehr Regen empfängt. Dies hängt damit zusammen, dass das Küstengebiet im Bereich der feuchten Meeresluft steht, die diese Berge mit der schönsten Vegetation schmückt.[7])

---

[1]) Lenz: Timbuktu II p. 191.

[2]) Lenz: Timbuktu II p. 84. 186. 191; Donnet: Une Mission au Sahara occidental p. 13.

[3]) Barth: Reisen und Entdeckungen . . . I p. 590.

[4]) Nachtigal: Sahara und Sudan I p. 252.

[5]) Rohlfs: Quer durch Afrika I p. 280.

[6]) Nachtigal sec. Bot. Jahresbericht 1881 IX, 11 p. 400.

[7]) Schweinfurth in Zeitschrift der Gesellschaft für Erdkunde zu Berlin 1886 p. 417.

Am Nil fangen die Sommerregen unter 17^0 n. Br. an. Die Regenzeit in Chartum besteht aus Gewitterschauern und umfasst die Monate Juli bis September, wenn auch im Mai schon einige Schauer fallen können.

In Kordofan dauert die Regenzeit von Juni bis September, doch sind die Güsse wenig ergiebig, sodass schon im Januar die Brunnen versiegen.

Über Darfor und Wadai wissen wir nichts, da bisher Nachtigals Tagebücher nicht veröffentlicht sind. Das Land östlich des Tsade ist noch keineswegs so regenreich, wie man nach seiner niederen Breite schliessen könnte; vorgelagerte Hochländer bringen die Regen früher zu Falle.

Nach Westen zu zieht sich die Grenze der tropischen Niederschläge in der Ebene längs einer Linie hin, die man kurz durch die Punkte Tsade und Timbuktu charakterisieren kann. In Timbuktu regnet es von Juni bis Oktober, zu welcher Zeit dann auch das ganze Land überschwemmt wird, und nördlich von diesem Ort fallen im August und September in Arauan Regen, deren Menge allerdings nicht beträchtlich ist.[1]

Nördlich vom Senegal, im Lande der Trarza, währt die von starken Winden begleitete Regenperiode von Juni bis Ende November.[2]

III.

Niederschläge in der Sahara.

Die Sahara zeichnet sich durch Unregelmässigkeit in den Niederschlägen aus. Am Südabhange des Atlas haben wir noch regelmässige Frühlingsregen, weiter nach dem Süden der algerischen Sahara zu fallen die Regen zwar auch während der Wintermonate,

---

[1] Darstellung nach Hann: Klimatologie, Schirmer: Le Sahara, Fischer: Die Dattelpalme u. a.

[2] Donnet: Une Mission au Sahara occidental p. 78.

aber es vergehen oft Jahre, ohne dass ein Tropfen Wasser fällt, ja von Tuat und Rhadames behauptet Rohlfs, dass es dort in 20 Jahren zuweilen nur einmal regne. In der westlichen Sahara scheinen gelegentliche Schauer im Winter weit nach Süden zu reichen, denn Vincent berichtet uns von Regen in Aderer (21° n. Br.), und Barth erlebte solche in Timbuktu im Januar, März und April. Das Hochland von Tasili und Ahaggar hat infolge seiner höheren Lage beträchtlichere Niederschläge als die niederen Landschaften, doch ist es noch zweifelhaft, ob man von wirklichen Winterregen sprechen kann. Schnee fällt in den höheren Teilen und soll oft tagelang liegen bleiben.

In Fessan haben wir keine regelmässige Regenzeit mehr, doch kommen jeden Winter einige Schauer vor; Nachtigal beobachtete im Winter 1869/70 dreimal Regen, und zwar bei nördlichen Winden. Taubildung ist bei der Dampfarmut der Luft sehr selten — Nachtigal erlebte sie im Winter 1869/70 einmal —, während sie in der algerischen Sahara nach Foureau, Bissuel, Duveyrier u. a. häufig ist.

Die Regenzeit in der libyschen Wüste dauert von Oktober bis April, doch sind die zu Boden gelangenden Mengen gering, wenn auch zuweilen gewaltige Güsse vorkommen können, wie die von der Rohlfsschen Expedition erlebten. In Chargeh wurden im Winter 1893/94 an 112 Beobachtungstagen 6 Regentage verzeichnet (1 im Dezember, 5 im Februar).

Östlich des Nilthales bildet der 25.° n. Br. die ungefähre Grenze zwischen den vom Mittelmeer kommenden Winterregen und den Ausläufern der sudanischen Regenzeit. Die Winterregen sind in der Nähe der Küste am ergiebigsten, weiter landeinwärts werden sie immer sporadischer und fallen strichweise, sodass es vorkommen kann, dass es an einem Orte 3—5 Jahre nicht geregnet hat. Neben Gewittergüssen treten auch Landregen auf. Die Mengen, die bei einem Regen fallen, sind erstaunlich grosse. So könnte nach Klunzinger das Wadi Ambagi mit dem Wasser, das es nach einem Gusse führt, Kosser für 5 Jahre versorgen. In Kosser fällt ein- bis zweimal in den Monaten Dezember bis Februar Regen.

Bis zum 25.° n. Br. dringen die Ausläufer der sudanischen

Regenzeit vor; die Regen, die im April und Mai stattfinden, tragen denselben ephemeren Charakter wie die Winterregen im Norden, nur sind sie immer von elektrischen Entladungen begleitet. Durch die grosse Erhitzung des Bodens in Nubien werden bei Beginn der Regenzeit die Wolken nach Norden getrieben und entladen sich an 'den Gebirgen. Wenn der Boden in Nubien erst einmal angefeuchtet ist, dann gelangen die Regen früher zu Falle.

In Borku fallen nur vereinzelte Regen im Sommer, während das südwestliche Tibesti jährlich wiederkehrende Zenithalregen hat, und zwar in den Monaten August und September. Zu dieser Zeit füllen sich die Rinnsale und geben den Herden ergiebige Weiden.

In Aïr dauern die Regen 6 Wochen (August bis Oktober), das Wasser fliesst bei den heftigen Güssen rasch ab und scheint sich nur in den tiefer liegenden Thälern länger zu halten. Die tropischen Regen werden in Aïr und Tibesti durch die Berge so weit im Norden hervorgerufen und fehlen deshalb in den tiefer gelegenen Oasen.

Einige Ausläufer der sudanischen Regen gelangen in Fessan bis zum 26.—27.$^\circ$ n. Br. als äusserst heftige Güsse. Rohlfs, von Beurmann u. a. erlebten, dass durch die herabstürzenden Wassermassen Häuser zerstört wurden.

IV.

Pflanzenwuchs.

Das Fehlen jeglicher Vegetation ist in der Sahara eine ungewöhnliche Erscheinung, wie aus den Berichten von Reisenden hervorgeht. Am wenigsten bewachsen sind die steinigen Hochflächen (Hammaden) wegen des in geringer Tiefe fehlenden Wassers und der dünnen Ackerkrume, die häufig noch dazu vom Winde fortgetragen wird. Hier gehören Holzgewächse zu den seltensten Erscheinungen. Üppigere Vegetation schmückt die diese Steinwüsten durchziehenden Wadis. Die Sandwüste (Areg) hat unter dem Einfluss des oft in geringer Tiefe vorhandenen Grundwassers reicheren Pflanzenwuchs als die Hammada, ausser auf den Dünen, die oft ganz pflanzenleer sind.

Die Verteilung der Gewächse der Wüste ist weit mehr vom Grundwasser als von der Benetzung durch Regen abhängig. Mit unglaublicher Schnelligkeit entwickelt sich nach erfolgten Güssen die Vegetation. In 3—7 Tagen steht ein Weidegrund von schönstem Grün da, wo bisher jede Spur organischer Thätigkeit gefehlt hatte. Aber bald haben die heissen Sonnenstrahlen diesen schönen Flor der Annuellen verdorrt, und es herrscht dieselbe Öde wie zuvor. Die Wurzeln der Regenpflanzen dringen nicht tiefer als der Regen in den Boden ein. Xerophile Eigenschaften fehlen diesen Annuellen meist, doch halten einige das Wasser zurück und können deshalb längere Zeit die Trockenheit ertragen.

Die Zwiebelgewächse, die nur während der Regenzeit ein oberirdisches Leben führen, sind bei der seltenen Feuchtigkeit klein und vereinzelt anzutreffen.

Die meisten Grundwasserpflanzen zeigen ausgeprägt xerophile Struktur: Schwache Entwicklung oder Fehlen des Laubes, Dornbildung, Schutz der Spaltöffnungen, Behaarung, Succulenz, dicke Cuticula u. a. Andere dagegen, wie die Coloquinthen, sind in ihrem oberirdischen Teil sogar hygrophil gebaut, transpirieren lebhaft und grünen den ganzen Sommer hindurch. Auch diejenigen Pflanzen, die Milchsaft besitzen, starren nicht von Dornen und sind nicht mit Haaren besetzt.

Die Wurzeln der Grundwasserpflanzen dringen sehr tief in den Boden ein, die Länge der unterirdischen Teile übertrifft die der oberirdischen um das zwanzigfache. Die Wurzeln der Bäume gehen natürlich tiefer in den Boden als die der Sträucher. Die Entwicklungsperiode hängt von dem Steigen und Fallen des Grundwassers ab. Aber auch für diese ausdauernden Gewächse sind die Regen mehr durch Herabsetzung der Transpiration als durch direkte Benetzung der Wurzeln von Bedeutung. Manche Arten sind nur zu dieser Zeit belaubt und mit Blüten versehen, während andere in der trockenen Zeit blühen.

In den Bergen, wo mehr Grundwasser vorhanden ist, z. B. Aïr,

erreichen die Bäume stattliche Dimensionen, wenn sie auch klein-
blättrig und dornig sind.

Infolge des langsamen Wachstums der Bäume und Sträucher ist ihr Holz hart und zähe, und deshalb brauchbar.

Gerbstoffe sind Erzeugnisse der Wüste, doch kennt man noch nichts über ihre physiologische Bedeutung.

Die Blätter der Gräser sind kurz, steif, eingerollt, saftarm, die Halme steif und faserig; deshalb eignen sich einige Gramineen sehr gut zur Anfertigung von Papier, Tauen u. a.

II.
Die einzelnen Provinzen.

Um die Sahara und die angrenzenden Gebiete in wirtschaftlicher Beziehung zu charakterisieren, soweit nützliche Pflanzen in Betracht kommen, wird es angebracht sein, einige Provinzen dieser nützlichen Gewächse herauszuarbeiten. Unter nützlichen Wüstenpflanzen will ich solche verstanden wissen, die entweder im Welthandel oder im Leben der Eingeborenen eine Rolle spielen, jedoch Futterpflanzen, die dem Menschen, wenn auch nur indirekt, Nutzen bieten, sowie Arzneigewächse, soweit sie nur von Eingeborenen angewandt werden, nicht berücksichtigen. Über viele Gebiete indess kann aus Mangel an nötigem Material heute noch nichts gesagt werden.

I.

Gummiprovinzen.

Man kann 3 Provinzen unterscheiden, in denen das von Akazien ausgeschwitzte Gummi arabicum als Produkt nicht kultivierter Pflanzen einen für die Ausfuhr wichtigen Gegenstand bildet.

A. Senegambien.

Im Norden des Senegal umfasst diese Provinz, deren Grenze hier ungefähr mit der des Mimosenwaldes (s. o.) zusammenfällt, die Länder der Trarza, Brakhna und Idowiche, zieht sich durch El Hodh und südlich von Arauan bis jenseit Timbuktu hin, wo die Ostgrenze zu setzen ist, und reicht im Süden bis aufs Hochland.

Das Gummi tritt freiwillig aus, und seine Sekretion wird hervorgerufen durch zahlreiche glühende Winde, die Risse in der Rinde entstehen lassen, aus denen dann das Gummi sofort herausquillt;

Einschnitte sind hier wie in der ganzen Sahara unbekannt.[1]) Der
Ertrag der Gummiernte unterliegt Schwankungen, die durch die
Witterung veranlasst werden; für eine gute Ernte sind reichliche
Feuchtigkeitsmengen (c. 400 mm) im Juli, August und September
und dann folgende trockene und glühende Wüstenwinde nötig.[2])
Letztére beginnen im November zu wehen, zu welcher Zeit dann
auch die Ernte anfängt, und diese dauert bis in den Mai.[3]) Die
Elephanten können in den Gummibeständen durch Umreissen der
Bäume, die Paviane und Antilopen durch Fressen des Gummis
zeitweise grossen Schaden anrichten.[4]) Die Qualität des Gummis
richtet sich nach der Akazienart, von der es stammt. Das beste
Gummi trifft man hier an der Grenze der Wüste;[5]) es stammt von
der Acacia Verek G. P. R. und heisst »gomme bas du fleuve«,
da das meiste aus dem Distrikt Podor am unteren Senegal stammt.[6])
Dieses schlechthin »Senegalgummi« genannte (im Unterschiede von
dem Gummi arabicum, das zwar von derselben Akazienart, aber
aus Kordofan stammt) besitzt klare, glänzende, gelbliche, harte,
4 cm und darüber grosse kugelige, selten eckige Stücke mit
muscheligem Bruche und ist nicht irisierend.[7]) Die geringeren
Sorten, die durch Einlagerung gerbstoffhaltiger Körper gefärbt sind,
kommen als »gomme Mediné« vom mittleren Senegal und als
»gomme Galam« aus dem Foulah-Landdistrikt Guidimakha und
Bambouk.[8]) Sie stammen von Acacia albida Del. und Acacia vera
syn. arabica Willd,[9]) sowie von anderen Arten wie Acacia tomen-
tos, adstringeans, fasciculata, neboueb, seyal.[10])

Es mag jetzt ein kurzer geschichtlicher Überblick der Entwickelung des Senegalhandels am Platze sein. Nachdem 1779 der
Senegal wieder französische Kolonie geworden war, wurde das

---

[1]) Duveyrier: Les Touareg du Nord p. 162.
[2]] Engler-Prantl: Natürliche Pflanzenfamilien; Mimosaeeae.
[3]) Donnet: Une Mission au Sahara occidental p. 45.
[4]) Vgl. [2]).
[5]) Tropenpflanzer I 1897 No. 1. Der Gummi arabicum Handel am Senegal.
[6]) Tropenpflanzer I 1897 No. 5. Senegalgummi.
[7]) Hager: Commentar zur Pharmacopoea germanica unter »Gummi arabicum«.
[8]) Vgl. [6]).
[9]) Vgl. [5]).
[10]) Donnet: Une Mission au Sahara occidental p 45 Anmerk.

Privilegium des Gummihandels am 1. Juli 1784 der Compagnie de la Guyane erteilt, die es aber schon 1785 der Compagnie de la Gomme abtrat. 1786 nahm diese den Titel einer Compagnie du Sénégul an, wurde aber am 23. Juli 1791 durch ein Dekret der Assemblé constituante aufgehoben, und der Handel allen Franzosen freigegeben. Die Compagnie commerciale et agricole de Galam et du Ouala und andere monopolisierten 1824 wieder den Handel für sich am oberen Senegal,[1]) und noch vor dem Dekret vom 22. März 1880, durch welches der Handel auf dem Flusse freigegeben wurde, existierten 5 verschiedene Handelskategorien.[2]) Heute ist es jedem erlaubt, auf dem Senegal Handel zu treiben.

Senegambien ist jetzt dasjenige afrikanische Land, aus dem am meisten Gummi ausgeführt wird. Die Ausfuhr geschieht über St. Louis und Rufisque und teilweise über Freetown; Hauptstapelplatz in Frankreich ist Bordeaux.[3]) Ein Teil des Gummis stammt auch aus der Wüste und wird von den Eingeborenen herangebracht,[4]) ein anderer aus Timbuktu; dieses brachte früher viel Gummi auf dem Überlandwege durch die Wüste nach Mogador, in neuester Zeit geht aber das meiste infolge des um $^2/_3$ zurückgegangenen Preises sowie der Besitzergreifung von Timbuktu durch die Franzosen nach Senegambien.[5]) Die Verpackung geschieht in Säcken aus Jute und ungegerbter Ochsenhaut, die 70—120 kg zu fassen vermögen.[6]) Der Ankauf durch die Handelshäuser zu St. Louis von den Eingeborenen geht nach Donnet folgendermassen vor sich:

1. Entweder giebt man einem schwarzen Händler eine bestimmte Summe Geldes, dieser fährt den Fluss oft bis Mediné hinauf und tauscht seine Waren gegen Gummi ein,

2. oder man beauftragt einen Weissen, für sich Gummi aufzukaufen, das man ihm dann in Podor zum Tageskurs wieder ab-

---

[1]) Zeitschrift der Gesellschaft für Erdkunde zu Berlin 1866 p. 65/66.
[2]) Donnet: Une Mission au Sahara occidental p. 46.
[3]) Tropenpflanzer I 1897 No. 5 Senegalgummi.
[4]) Donnet: Une Mission au Sahara occidental p. 51.
[5]) Deutsches Handelsarchiv 1897 II: Mogador, und Lenz, Timbuktu II p. 161.
[6]) Vgl. [5]) und Tropenpflanzer I 1897 No. 1 Gummi arabicum Handel am Senegal.

kauft. — Die Eingeborenen tauschen Säcke voll Gummi gegen Waren oder silberne Fünffrancstücke ein. [1]

Die Hauptzufuhren kommen September bis Dezember auf den Markt. [2] Nach Donnet betrug die Ernte Mitte der 90er Jahre vorigen Jahrhunderts ca. 4 Millionen Kilogramm, die sich auf das Gebiet folgendermassen verteilten:

Podor .	3 000 000 kg
Haute du fleuve	600 000 kg
Galam .	400 000 kg,

jedoch bemerkt er, dass der Ertrag bei einigermassen genügender Sorgfalt leicht verzehnfacht werden könnte. [3] Für die Handelshäuser wäre es nach demselben Autor von grossem Werte, wenn sie Faktoreien an der saharischen Küste anlegten, um mit den Trarza und Brakhna in direkte Handelsverbindungen zu treten. [4] Ausserdem würde es sich für Kolonisten empfehlen, Gummiplantagen anzulegen, da die Akazien geringer oder so gut wie keiner Pflege bedürfen und fast überall in der Wüstensteppe und Steppe fortkommen, die Betriebskosten also gering sind; dabei ist die Ernte doch ziemlich regelmässig und rentabel, wenn man bedenkt, dass ein Baum von Acacia Verek ungefähr **800 gr** gutes Gummi zu liefern vermag. [5]

Es sollen nun einige Ausfuhrzahlen [6] gegeben werden, um den grossen Aufschwung zu zeigen, den der Handel in einem Jahrhundert genommen hat:

1760. 900 000 kg. [7]

1827. Es wurden ausgeführt nach:

Bordeaux:	600 000 kg
Havre:	300 000 kg

---

[1] Donnet: Une Mission au Sahara occidental p. 46.

[2] Tropenpflanzer I 1897 No. 5 Senegalgummi.

[3] Donnet: Une Mission au Sahara occidental p. 45.

[4] Donnet: Une Mission au Sahara occidental p. 51/52.

[5] Donnet: Une Mission au Sahara occidental p. 46.

[6] Die Ausfuhrzahlen sind in Kilogramm und Mark umgerechnet worden, wo andere Werte angegeben waren, und sind, wenn nicht anders angegeben, immer dem deutschen Handelsarchiv entnommen.

[7] Meyers Konversationslexikon. 4. Aufl. VII. p. 926.

<pre>
Marseille: 200 000 kg
Nantes: 150 000 kg
                ─────────────
1827 Sa.   1 250 000 kg. [1]
</pre>

1863 1 676 378 kg im Werte von 1 877 543,20 Mk.
1876 2 486 395   »   »   »   »   2 513 597,60 »
1880 3 969 035   »   »   »   »   4 223 052,80 »
1881 2 359 296   »   »   »   »   2 160 749,60 » [2]

Bei den von Wördehoff und Schnabel, Köln a. Rh., im Tropenpflanzer mitgeteilten, amtlichen Berichten entnommenen Zahlen,
sind leider die Mengen in Säcken, deren jeder 70—120 kg fasst,
angegeben, sodass ein Umrechnen unmöglich ist; jedoch sind die
Mengenverhältnisse der einzelnen Sorten angegeben: [3]

<pre>
              Bas du fleuve   Galam
1892 214 443 Säcke   67 395 Säcke
1893 294 518   »   14 335   »
1894 340 189   »   16 235   »
1895 199 120   »   30 277   »
1896 220 239   »   44 481   »
</pre>

Der Wert der exportierten Mengen ist von Wördehoff und
Schnabel nicht angegeben, dagegen soll er nach dem Bulletin de
la Société de Pharmacie du Sud-Ouest 4—4,8 Mill. Mk. betragen. [4]

Teilweise mit unserer Provinz fällt die der Arachis hypogaea
zusammen, die hier indess nur beiläufig erwähnt werden soll, da
sie nicht zu den saharischen Pflanzen gehört und auch nicht im
Übergangslande vorkommt.

B. Länder am Nil.

Diese Provinz umfasst folgende Länder: Östliches Darfor,
Kordofan, Sennar, Flussgebiete des Bar-el-Azrak, Bahad, Dinder
und Atbara, soweit sie der Steppe und Wüstensteppe angehören.
Die beste Sorte, hier Haschabi genannt, [5] stammt von der Acacia

---

[1] Eichelberg: Merkantilische Warenkunde 1845 p. 171.
[2] Lenz: Timbuktu II p. 346.
[3] Tropenpflanzer I 1897 No. 5 Senegalgummi
[4] Tropenpflanzer I 1897 No. 1. Der Gummi arabicum Handel am Senegal.
[5] Zeitschrift der Gesellschaft für Erdkunde zu Berlin 1867 p. 473.

Verek G. P. R., liefert das officinelle Gummi arabicum und wird nur in Kordofan gesammelt. Die Acacia Verek bildet grosse Waldungen im Osten Darfors und in Kordofan, wo sie nicht allein auf die Steppe beschränkt ist, sondern auch die Wüstensteppe bewohnt.[1] Das Kordofan- oder arabische Gummi besteht aus rundlichen, weissen oder blass weissgelben, undurchsichtigen, brüchigen und leicht zerbrechlichen Stücken von der Grösse einer Erbse bis zu der einer wälschen Nuss. Der Bruch ist kleinmuschelig, spaltig und irisierend. Im Gegensatz zu dem Senegalgummi ist es im Geschmack nicht säuerlich und deshalb zu pharmazeutischen Präparaten geeignet.[2]) Östlich des Nil, in Gedaref, ist die Acacia Verek seltener; hier spielen andere Species, wie Acacia stenocarpa eine Rolle.[3]) Die zweite Sorte, Haschabi el Djesire genannt, stammt aus den in Sennar am blauen Nil liegenden Wäldern, während die geringste Sorte, gelb und rötlich und häufig mit Sand, Holz und Steinchen vermischt, Talk genannt, aus den Flussgebieten des Bar-el-Azrak, Rahad, Dinder und Atbara kommt.

Das in Kordofan gesammelte Gummi wird teils zu Lande, teils bei Mandjura an den weissen Nil und von dort zu Schiffe nach Chartum oder auch direkt nach Dongola gebracht, während die geringeren Sorten teils über Kedarif, Kessala nach Suakin, teils über Chartum und Berber durch die Wüste nach Kairo gehen.[4]) Eine Zeit lang, nämlich damals, als Aegypten seine Provinzen am oberen Nil verloren hatte, gelangte nur wenig Gummi über die Häfen am roten Meere zur Ausfuhr.[5]) Heute aber ist, nachdem wieder einigermassen geordnete Zustände eingetreten sind, Alexandrien Hauptstapelplatz des arabischen Gummis wie früher. Leider ist in den Ausfuhrzahlen kein Unterschied zwischen den einzelnen Sorten gemacht, sondern nur die ganze Menge der exportierten Ware angegeben, desgleichen ist der Herkunftsort in den statistischen Angaben nicht aufgeführt worden. In der aegyptischen

---

[1]) Schweinfurth in Petermanns Mitteilungen 1868 p. 158 und Tafel 9.
[2]) Hager: Commentar zur Pharmacopoea germanica II »Gummi arabicum«.
[3]) Schweinfurth in Petermanns Mitteilungen 1868 p. 158.
[4]) Zeitschrift der Gesellschaft für Erdkunde zu Berlin 1867 p. 473.
[5]) Schirmer: Le Sahara p. 363.

Wüste wie im Nilthal wird das Gummi nur zum Hausgebrauch gesammelt oder doch nur in geringer Menge ausgeführt.

Nach England gingen:

$$\left.\begin{array}{l} 1829 \\ 1830 \\ 1831 \end{array}\right\} \text{ ca. } 678\,700 \text{ kg}\ ^{1)}$$

In den letzten Jahren wurden aus Aegypten ausgeführt:

1899	628 124 kg
1900	1 863 072 »

Die Verteilung auf die einzelnen Häfen war folgende:

	Alexandrien	Port Saïd	Suez
	kg	kg	kg
1899	355 762	40	272 322
1900	1 017 875	—	845 197 [2]

Suakin führte vor einigen Jahren (1896, 1897) Gummi im Werte von 546 940 resp. 595 860 Mk. aus. [3]

Um ein Bild von der Lage des Handels im Jahre 1897 zu geben, mögen nur folgende Thatsachen erwähnt sein, die amtlichen Berichten entnommen sind: Dezember 1896 wurden nach Suakin 701 Kamelladungen Gummi gebracht, Januar 1897 2557 Kamelladungen, dann aber hörte die Aufnahme auf, da der Handel bis November gesperrt blieb. Das Lager umfasste 800 engl. Tonnen, von denen in kurzer Zeit 547 verkauft wurden zum Preise von 47—52 Shilling pro engl. Ctr. Als noch wenig da war, stiegen die Preise bis 55 Shilling 6 Pence pro engl. Ctr. Im ganzen betrug der Wert der Zufuhr aus dem Sudan 39 685 Pfund Sterling (= 793 700 Mk.). [4]

C. Marokkanische Provinz.

Im Süden Marokkos finden wir die 3. nordafrikanische Provinz, die viel Gummi produciert und exportiert. Aber hier haben wir nicht allein das Gummi arabicum, sondern auch verschiedene andere

---

[1] Eichelberg: Merkantilische Warenkunde 1845 p. 171.
[2] Le commerce extérieur de l'Egypte.
[3] Deutsches Handelsarchiv 1898 II 368 ff.
[4] Deutsches Handelsarchiv 1898 II 368 ff.

Gummiarten, nämlich: Sandarak, Euphorbium und Ammoniak, die von hier ausgeführt werden, und deren Produktionsbezirke mit dem des arabischen zusammenfallen, sodass sie hier mit abgehandelt werden sollen. Ausserdem muss hier auch kurz auf den Arganbaum eingegangen werden, der in dieser Provinz heimisch ist und im Leben der Marokkaner eine grosse Rolle spielt.

a. Amradgummi.

Das Gummi arabicum, hier Amradgummi genannt, stammt von der Acacia gummifera Willd., deren Art aber noch nicht genau bestimmt ist. Sie ist besonders häufig im südlichen und westlichen Marokko bis zum Wadi Sus hinab, hauptsächlich in den Provinzen Blad Hamar, Rahamna und Sus finden sich grosse Bestände dieser Art. [1]) In der Gegend von Demnet wird das Gummi viel gesammelt und von da nach Mogador gebracht, wo sich der Hauptstapelplatz für marokkanisches Gummi befindet. [2]) Soll die Ernte gut ausfallen, so brauchen die Akazien einen heissen nebelfreien Sommer. [3]) Über das Gummi, das aus der Wüste stammt, soll im Anhange von diesem Kapitel gesprochen werden, doch sei erwähnt, dass das Produkt der Acacia gummifera ein besseres ist als das der Wüste. [4])

Die Ausfuhr von Amradgummi ist nicht unbeträchtlich. Leider haben lange Zeit unsere Konsularberichte keinen Unterschied zwischen dem Amrad- und Senegalgummi gemacht, sondern beide zusammen als »Gummi braun« bezeichnet. Der Hauptabnehmer dieser und der andern Gummisorten ist England, nur ein geringer Bruchteil kommt nach Deutschland. Das Gesagte soll durch einige statistische Angaben veranschaulicht werden, wobei auch die Zahlen für »Gummi braun« berücksichtigt sind (vgl. auch Anhang zu diesem Kapitel):

---

[1]) Hooker and Ball: Journal of a tour in Marocco and the great Atlas p. 394/395.

[2]) Lenz: Timbuktu I p. 313.

[3]) Notiz im deutschen Handelsarchiv.

[4]) Notiz im deutschen Handelsarchiv.

Amradgummi:

	Mogador			nach Deutschland		
1896	27 000 kg	19 500 Mk.		— kg	—	Mk.
1897	»	—	»	— »	—	»
1898	? »	42 000	»	? »	4200	»

Gummi braun.

Mogador.

1865—1874	? kg	172 000	Mk. (jährlich) [1]
1880	62 200 »	48 240	»
1883	195 100 »	90 300	»
1884	190 500 »	174 800	»

	Mazagan			Saffi	
1880	31 460	Mk.	1880	88 000	Mk.
1883	67 880	»	1883	190 000	»
1884	120 640	»	1884	264 000	»
1897	65 400	»	1896	74 300	»
1898	65 380	»	1897	97 500	»
1899	29 760	»	1898	45 700	»

b. Sandarakgummi.

Das Sandarakgummi stammt von einem Nadelholze, der Callitris quadrivalvis Vent., die in den Gebirgen des westlichen Nordafrika von Tunesien bis Marokko´ verbreitet ist, und deren dauerhaftes Holz, im Altertume einst mit fabelhaften Preisen bezahlt, noch jetzt gern zu Möbeln, Bauten u. a. verwandt wird. [2] Das Harz wird jetzt nur aus Mogador, früher auch aus einigen anderen Häfen Marokkos verschifft, sodass der Produktionsbezirk auch hier im südlichen Marokko liegt. Man benutzt es zu Firnissen, Polituren und Räucherpulvern; reibt man radierte Stellen auf Papier mit dem Sandarakpulver, so kann man darauf schreiben, ohne dass die Tinte ausläuft. Auch in der Medizin wurde es früher gebraucht.

Um einen kurzen geschichtlichen Blick auf das Sandarakharz zu werfen, so ist zu bemerken, dass die Alten unter Sandarak das

---

[1] Schirmer: Le Sahara p. 365.
[2] Hooker and Ball: Journal of a tour in Marocco and the great Atlas. p. 389/393.

rote Schwefelarsen verstanden, jedoch Dioskorides schon das Harz. Im Mittelalter hiess Sandarak (und auch wohl Bernstein) Bernix oder Vernix und wurde zu Firnis benutzt; daher stammt auch der Name Firnis. Die Abstammung des Harzes wurde zu Ende des 18. Jahrhunderts festgestellt.

Das Sandarakgummi bildet längliche, spröde, blassgelbliche bis fast bräunliche, aussen weisslich bestäubte, im Bruch glasglänzende und undurchsichtige Körper vom Durchmesser 1,066, die beim Kauen nicht erweichen, sondern sich sandig zerkauen, balsamisch harzig, etwas bitter schmecken, beim Erwärmen balsamisch und etwas terpentinartig riechen, in $C_2 H_5 OH$ fast ganz und in Terpentinöl zum Teil löslich sind und bei 145° schmelzen.[1] Zum Schluss mögen einige Ausfuhrzahlen am Platze sein, wobei zu bemerken ist, dass in unsern Consularberichten in neuester Zeit dieselben nur für Mogador angegeben sind, wonach es also scheint, als ob dieser Artikel nicht mehr über die andern Häfen, deren Ausfuhr von Sandarak auch früher schon gering war, exportiert wird.

Saffi.		Mazagan	
1883	1600 Mk.	1883	6 800 Mk.
1884	2800 »	1884	13 680 »

Mogador.

Nach Deutschland.

1880		232 510 Mk.			
1882		351 000 »			
1883		323 200 »			
1884		398 800 »			
1896	287 000 kg	312 100 »	78 000 kg	84 200 Mk.
1897	402 000 »	482 400 »	116 000 »	139 200 »
1898	? »	334 000 »	? »	90 000 »

c. Euphorbium.

Das Euphorbiumgummi gewinnt man von der Euphorbia resinifera Berg durch im Spätsommer oder Anfang Herbst in die Rinde gemachte Einschnitte, denen dann ein Milchsaft entströmt. Es besteht aus matt hellgelben, linsen- bis bohnengrossen, runden oder

---

[1] Dictionnaire encyclopédique des sciences médicales. Tom 85 p. 435.

eckigen, durchlöcherten und mit Trümmern der Pflanze verunreinig-
ten Stücken, riecht beim Erwärmen weihrauchartig, schmeckt sehr
anhaltend und brennend scharf; in keinem der gewöhnlichen Lösungs-
mittel ist es gänzlich löslich. Das Einsammeln des Harzes muss
sehr vorsichtig vorgenommen werden, da es sowohl auf die Schleim-
häute heftig einwirkt, als auch auf der Haut Blasen und Entzündung
erregt und innerlich heftige Magen- und Darmentzündungen bewirkt.[1]

Früher benutzte man es als drastisches Abführmittel, jetzt nur
noch in der Veterinärmedizin als äusserlich blasenziehendes Mittel.
Im Altertume war es schon bekannt; doch ging später die Kenntnis
verloren. Das Euphorbium wird in der Provinz Sus, am Südabhange des Atlas gewonnen.[1]

Der einzige Ausfuhrort ist Mogador.

Nach Deutschland.

1896	108 000 kg	84 700 Mk.		1000 kg	200 Mk.	
1867	96 000 »	66 200 »		2000 »	400 »	

d. Ammoniakum.

Das Ammoniakgummi wird jetzt fast gar nicht mehr aus Marokko
ausgeführt, sondern kommt aus Persien und andern morgenländischen
Gegenden. Es stammt in unserer Provinz von einer Ferulaart, die
in den Ebenen des Innern, namentlich zahlreich nördlich der Haupt-
stadt, vorkommt. Es wurden ausgeführt:

Mogador.

1883	?	kg	Wert	500 Mk.	
1884	1512	»	»	500	»

e. Argan.

Die Verbreitungszone der Argenia Sideroxylon Roem. dehnt
sich sicher vom 28°—32° n. Br., wahrscheinlich aber noch etwas
weiter gen Süden aus;[2] dagegen reicht sie von der atlantischen
Küste aus kaum 10 Meilen weit ins Land.[3] Seine Produkte werden
nicht ausgeführt, sondern von den Eingeborenen allein verbraucht.

---

[1] Dictionnaire encyclopédique des sciences médicales Tom. 36 p. 435.
[2] Jannasch: Die deutsche Handelsexpedition 1886 p. 184/185 Anmerk.
[4] Lenz: Timbuktu II. p. 310.

Der Baum liefert ihnen aus den Samen ein gutes Öl; die Samen-
schalen bilden ein vorzügliches Viehfutter. Das Holz ist sehr ge-
schätzt, da es zu dem härtesten gehört. [1])

Die Grenze der 3. Gummiprovinz ist leicht zu bestimmen; sie
umfasst, um es kurz zu sagen, das südwestliche Marokko.

Anhang.

Wie ich schon oben bemerkt habe, gelangt ein Teil des Senegalgummi durch Karawanen nach Marokko, speziell Mogador, von wo
es verschifft wird. Allerdings hat diese Überlandbeförderung in
letzter Zeit, wie aus den unten angeführten Zahlen hervorgeht, beträchtlich abgenommen, einmal weil Timbuktus Handel durch die
Franzosen nach dem Senegal hingelenkt wird, dann aber weil der
Preis des Gummis gesunken ist und die hohe Fracht nicht mehr
gut trägt. Zusammen mit diesem, aus den Senegalgebieten stammen-
den Gummi gelangt das in dem Seguia el Hamra gewonnene nach
Marokko. Ob auch aus anderen Gegenden der westlichen Sahara
Gummi nach Marokko gebracht wird, konnte ich nicht feststellen.

Lange Zeit wurden Senegal- und Amradgummi in eine Rubrik
gestellt; die englischen Consularberichte unterscheiden beide Artikel
vom Jahre 1887 an, während es die deutschen erst viel später
thun. Wie man aus den unten folgenden Werten für das Senegalgummi ersieht, haben dieselben innerhalb eines Jahrzehntes rapide
abgenommen.

Mogador.

Senegalgummi.					Nach Deutschland.		
1888	?	kg	233 000	Mk.			
1889	?	»	181 600	»			
1890	?	»	285 600	»			
1891	?	»	260 800	» [2])			
1896	31 000	»	28 500	»	2000 kg	1 800	Mk.
1897	7 000	»	7 000	»	6000 »	6 000	»
1898	?	»	24 000	»	? »	24 000	»

---

[1]) Hooker and Ball: Journal of a tour in Marocco and the great Atlas.
p. 395/404.

[2]) Schirmer: Le Sahara p. 365.

Zum Schluss sei noch darauf hingewiesen, dass in früherer Zeit Tripolis etwas sudanisches Gummi exportiert hat, dass dieser Artikel jetzt aber ganz aus seinen Ausfuhrlisten verschwunden ist. Es stammte dasselbe aus den grossen Waldungen östlich wie westlich des Tsade. Bedeutend war der Handel nie, wie man sofort aus den Zahlen unten erkennt, die nicht einmal für Gummi allein gelten, sondern den Wert für Senna mit angeben.

Tripolis. Gummi und Senna.

1846 22 000 Mk.

1866 11 200 »

1867 12 800 » [1]

Vielleicht werden die Franzosen, die die Länder am Tsade in Besitz genommen haben, den Gummihandel wieder heben.

II.

Halfaprovinzen.

Bei weitem die wichtigste Pflanze der tripolitanischen und tunesischen Wüstensteppen, wie der algerischen Hochplateaus, ist die Halfa oder Alfa, die Faser der Gramineen Stipa tenacissima L. syn. Macrochloa tenacissima (L.) Kth. und Lygeum spartum L. Der Halfa verdanken manche Länder wie Tripolitanien oder die algerische Provinz Oran ihren Aufschwung. Gegenüber dem Getreidebau, der in diesen Gegenden immer von der Witterung abhängig ist und in regenreichen Jahren bessere Ernten liefert als in regenarmen, ist die Halfa keineswegs in so hohem Masse den Einflüssen der Witterung unterworfen; allerdings hat man in regenreichen Jahren kräftigeren Wuchs zu gewärtigen. Ausserdem wird sie von den Heuschrecken verschont. [2] Die Gräser sind, wenn sie ihre volle Entwicklung noch nicht erreicht haben, schwer von einander zu unterscheiden; sobald sich aber die Ähre zeigt, ist jegliche Verwechslung ausgeschlossen. [3]

---

[1] Schirmer: Le Sahara p. 363.

[2] Rohlfs: Kufra p. 79.

[3] Duveyrier: Les Touareg du Nord p. 201, 203.

Zum Versande kommt allein die Stipa tenacissima, deren Faser dreimal so lang ist wie die von Lygeum spartum. Im Süden Algeriens braucht man erstere auch allein zu Sparteriearbeiten, während man sie bei uns zur Papierfabrikation benutzt.[1] Zum Versande presst man das Gras vermittelst hydraulischer Pressen in Ballen und beschlägt diese mit Eisenbändern, so dass sie wie Baumwollballen aussehen.[2] Die schmiegsame, dem Hanf ähnliche Faser von Lygeum Spartum wird in Tunesien zu Flechtwerk und hier wie in Tripolitanien in der Seilerei der grösseren Festigkeit wegen verwendet. Die Halme werden mit Holzschlägeln kräftig bearbeitet und so in die einzelnen Längsfasern von einander gelöst. Die hieraus gefertigten Stricke, Seile und Taue in jeder Stärke werden gern von den das Mittelmeer befahrenden Schiffen an Stelle der Hanftaue gebraucht, da sie einmal billiger als diese sind, sodann im Seewasser eine ausserordentliche Haltbarkeit bewahren.[3]

Provinzen.

In Europa besitzen wir auch eine Halfaprovinz, die hier aber nicht weiter besprochen werden soll. Sie liegt in Spanien und umfasst das Plateau zwischen Madrid und Valencia, namentlich die La Mancha.

A. Marokko.

Die ausgedehntesten Halfaflächen finden sich am Nordabhange des grossen Atlas in den Provinzen Haha und Chiadma bei Mogador. Gross ist die Ausfuhr aus dem Gebiete nie gewesen und jetzt wahrscheinlich ganz eingestellt, da man in der Statistik keine Zahlen mehr angegeben findet. Vielleicht hat man hier des gesunkenen Preises wegen den Export aufgegeben.

Aus Mogador wurden verschifft:

1880	1 283 990 kg	98 100	Mk.
1883	155 160 »	11 520	»
1884	265 000 »	24 500	»

---

[1] Duveyrier: Les Touareg du Nord p. 201, 203.
[2] Fitzner: Die Regentschaft Tunis p. 253 und Rohlfs: Kufra p. 80.
[3] Fitzner: Die Regentschaft Tunis p. 253/254.

B. Algerien.

In Algerien wird die Halfa auf den Hochflächen geerntet, während der saharische Teil kaum ausführt, da die Transportkosten zu hoch kämen. Wollen wir unsere Provinz begrenzen, so können wir sagen, sie umfasst die Hochplateaus zwischen den beiden Atlasketten und erreicht in der Provinz Oran das Meer. Die grossen Flächen finden sich südlich einer Linie, die durch folgende Orte geht: Sebdou, Daya, Saïda, Tiaret, Teniet-el-Haoûd, Aumale, Les Bibans, le Boutaleb, les Maadid et les contreforts Nord de l'Aurès.[1] Die Herausarbeitung der einzelnen Unterprovinzen, in denen die Halfa gesammelt wird, soll hier nicht vorgenommen werden; desgleichen soll von der Besprechung der Eisenbahnen und Fabriken, die die Halfa hervorgerufen hat, abgesehen werden, sondern nur noch einmal daran erinnert werden, dass allein Stipa tenacissima zur Verarbeitung gelangt.

Aus Algerien wird seit langem schon die Halfa ausgeführt, besonders stark ist die Provinz Oran an dem Export beteiligt. Die Grösse der mit Halfa angebauten Flächen betrug im Jahre 1889:

Oran	473 572 ha
Alger	458 727 »
Constantine	190 047 »[2]

Summa 1 122 346 ha

Oder in Quadratkilometer umgerechnet: 11 223,46 Quadratkilometer Die mit Halfa bewachsene Fläche ist 1889 also etwas mehr als dreimal so gross wie das Herzogtum Braunschweig gewesen. (Nach einer einem Konversationslexikon entnommenen Zahl soll die Stipa im Jahre 1893 14 954,77 Quadratkilometer bedeckt haben, also eine Fläche, die beinahe ebenso gross ist wie das Königreich Sachsen.)

Betrachten wir die verschiedenen Provinzen hinsichtlich ihrer Beteiligung an der Ausfuhr, so ergiebt sich folgende Reihenfolge:

Oran	86,0 %
Alger	8,4 %
Constantine	5,6 %

---

[1] Battandier et Trabut: Flore de l'Algérie II 162/163.
[2] Bianconi et Doumerg: Algérie.

Das grosse Übergewicht Orans über die andern beiden Provinzen erkennt man sofort.

Ein Hektar bringt 1500 kg marktfähiger Ware hervor. Noch vor 30 Jahren kosteten 100 kg 12,80 Mk., Ende der achtziger Jahre war der Preis aber schon bedeutend (übers doppelte!) gefallen, er betrug pro 100 kg 5,92—6,32 Mk.; 1897 wurden für das gleiche Quantum Halfa 5,77 Mk. bezahlt. Wenn man bedenkt, dass diese letzte Zahl, die von mir aus den Ausfuhrwerten berechnet ist, Transportkosten, Verdienst des Händlers etc. mit enthält, so wird man nicht sonderlich befremdet sein, wenn man hört, dass die Ernte nur 25—30 km zu beiden Seiten der Bahnen in Oran stattfindet,[1] dass also an einen Transport der im Süden des Atlas vorkommenden Halfa gar nicht zu denken ist. Die meiste Halfa geht nach England. Aus der Provinz Oran wurden folgende Mengen ausgeführt:

1865	1 000 000	kg	1880	75 929 246	kg
1870	42 469 557	»	1885	88 264 832	»
1874	57 837 925	»	1887	80 802 717	»

In neuester Zeit betrug die Ausfuhr aus Algerien:

1897	85 441 494	kg	4 933 729	Mk.
1898	99 950 204	»	?	»
1899	92 172 352	»	?	»

Aus obigen Zahlen erkennen wir das rapide Ansteigen der Ausfuhr in den Jahren 1865—1880.

Zum Schluss soll noch an ein paar Zahlen gezeigt werden, wie sehr der Wert des Gesamtexportes innerhalb von nicht zwei Jahrzehnten gesunken ist:

1882	10 262 642	Mk.
1883	10 099 542	»
1897	4 933 729	»

C. Tunesien.

Aus Tunesien wird nur Stipa tenacissima ausgeführt, während, wie oben erwähnt, Lygeum spartum nur zur Anfertigung von Flechtereien und in der Seilerei gebraucht wird; hat sich doch in Sfax

---

[1] Matthieu et Trabut: Les Hauts-plateaux oranais.

und auf den Kerkenainseln eine selbständige Industrie herausgebildet, die sich nur mit der Verarbeitung von Lygeum befasst.

Die Nomaden ernten die Stipa tenacissima im Frühjahr und bringen sie auf Kamelen in die Küstenplätze, besonders Sousse, Sfax und Gabes, von wo sie, in Ballen verpackt, zumeist nach England gelangt. [1])

Was nun die Begrenzung dieser Provinz anlangt, so umfasst sie die Steppen, die sich an das mitteltunesische Gebirge anlegen, ist aber vom Meere durch einen Streifen fruchtbaren Landes getrennt. Südlich von Gabes erreicht sie das Meer, auch sind die Plateaus von Matmata und Haouïa mit Halfa bedeckt. [2])

Von der Ausfuhr gehen $9/_{10}$ nach England — das sogar Dampfer hierher schickt, die nur diese Ladung einnehmen — und $1/_{10}$ nach Frankreich. So betrug 1897 der Wert der Ausfuhr 875 218,40 Mk., davon entfielen auf:

England ca.   767 200   Mk.
Frankreich ca.   80 000   »
Italien ca.   24 000   »

1896 kostete ein Kubikmeter Halfa 8 Mk. Wie die folgenden Werte der Ausfuhr zeigen, haben dieselben sich, im Gegensatz zu Algerien immer auf gleicher Stufe gehalten:

1886	1 207 200 Mk.		1893	1 108 800 Mk.
1887	1 348 800 »		1894	1 164 800 »
1888	1 728 000 »		1895	875 218 »
1889	2 044 800 »		1896	1 194 953 »
1890	1 680 000 »		1897	1 468 240 »
1891	1 172 800 »		1898	1 955 698 »
1892	1 536 000 »		1899	1 132 244 »

D. Tripolitanien.

Wie mir Professor Dr. Ascherson, Berlin, gütigst mitteilte, hat sich seine Vermutung, dass Lygeum spartum als Papierstoff nach Europa versandt werde, laut Mitteilung von G. A. Krause

---

[1]) Fitzner: Die Regentschaft Tunis p. 324. 253/54.

[2]) Fitzner: Die Regentschaft Tunis p. 324 u. a. und Battandier et Trabut: Flore de l'Algérie II p. 162/163.

nicht bestätigt; sondern es hat sich herausgestellt, das nur Macrochloa tenacissima in den Handel kommt, während Lygeum allein zu Stricken verarbeitet wird.

Die Halfa bildet bei weitem das wichtigste Ausfuhrprodukt Tripolitaniens und hat den Wohlstand des Landes gegen früher bedeutend gehoben; sie geht auch hier wiederum fast ausschliesslich nach England. Die Eingeborenen haben von vornherein gesehen, welche Schätze sie in dieser Pflanze besassen, und deshalb sich durch rationelle Wirtschaft dies Gut ganz erhalten, indem sie die Pflanze abschnitten und nicht ausrissen. [1])

Das Gebiet der Halfa erstreckt sich nach Rohlfs von der tunesischen Grenze bis zum 17° ö. L. v. Gr. und überschreitet nach Süden hin kaum den 30° n. Br. [2]) Es umfasst Djado, Zintan, Djebel Nefussa, Djebel Yefren, Djebel Ghanan, Djebel Cherchara, Sliten und Plateaus im Süden Tripolitaniens. [3])

Aus folgender Tabelle ersieht man ebensowohl den Aufschwung, den der Handel seit den siebziger Jahren genommen hat, wie auch die Ebenbürtigkeit mit Tunesien, sowie dass der Wert der Ausfuhr seit den siebziger Jahren nicht gesunken ist.

	kg	Mk.		kg	Mk.
1870	1 022 200	32 000	1874	19 822 500	1 246 584
1871	3 630 000	236 000	1875	33 590 025	1 898 144
1872	11 318 000	897 708	1896	?	1 496 000
1873	11 727 000	874 360	1899	?	1 930 000

III.

Dattelprovinz.

Im Anfange dieser Arbeit habe ich ausdrücklich erklärt, dass ich nur wildwachsende Pflanzen zur Charakterisierung der einzelnen Gebiete heranziehen wollte, und so kann es befremdlich erscheinen, dass ich eine Provinz, die den ganzen nördlichen Teil

---

[1]) Rohlfs: Kufra 79/80.
[2]) Vgl. [1]).
[3]) Battandier et Trabut: Flore de l'Algérie II p. 162/163.

der Sahara umfasst, nach einer kultivierten Pflanze benenne. Aber ich glaube keine allzugrosse Inkonsequenz zu begehen; denn einerseits bezeichnet man gerade einige in dieser Provinz gelegene Gegenden als das Vaterland der Dattelpalme, andererseits trifft man noch grosse Bestände von wilden Exemplaren dieser Art z. B. in einigen Teilen Kufras.[1]) Durch die Kultur ist sie einzig veredelt worden. Ausserdem giebt es auch keine Pflanze, die wie diese geeignet wäre, so weite Gebiete treffend zu charakterisieren. Ohne sie wären viele Gegenden der Sahara unbewohnbar; so ist sie in Fessan die einzige Gunst, die das unwirtliche Land den armen Bewohnern in verschwenderischem Masse gewährt. Sie ist hier, um mit Nachtigal zu reden, der Trost der Armen, die Helferin in der Not. Erst unter ihrem schützenden Laubdache ist es möglich, auch andere Kulturgewächse zu bauen, die ohne sie von den Sonnenstrahlen verbrannt würden.

Über Kultur der Palme, Verwendung der Datteln und Ähnliches soll hier nichts gesagt werden. Dies wird in ausgiebigster Weise von Fischer in seinem von mir schon citierten Buche: »Die Dattelpalme.« (Ergänzungsheft No. 64 zu Petermanns Mitteilungen) besprochen, worauf ich hiermit verweise.

Die Dattelprovinz umfasst folgende Gegenden: Nilthal von der Küste bis Chartum, die fünf libyschen Oasen und Garah, Kufra, Audjila, Bengasi, Bardai in Tibesti, Tripolitanien, Fessan; auf der Bornustrasse reicht sie bis Kauar und Agram, westlich schliesst sie Aïr mit ein. In der algerischen Sahara erstreckt sie sich im Süden bis an den Fuss der centralen Erhebung, umfasst aber auch Tuat und Tidikelt. Im Norden derselben Wüste bezeichnet die saharische Kette des Atlas, in deren der Sahara zugekehrten Hochthälern noch Palmkultur betrieben wird. In Tunesien bezeichnet der 34^0 die Grenze.[2]) Südlich vom marokkanischen Atlas haben wir Wadi Sus und Wadi Draa.[3])

Das Gebiet der Dattelprovinz wollen wir wieder in mehrere Unterabteilungen zerlegen, deren jede durch eine Anzahl wild-

---

[1]) Th. Fischer: Die Dattelpalme. Ergänzungsheft zu Petermanns Mitteilungen No. 64 p. 3.

[2]) Fitzner: Die Regentschaft Tunis p. 326.

[3]) Fischer: Die Dattelpalme p. 65/72.

wachsender Pflanzen, die entweder den Nomaden zur Nahrung dienen oder ihnen wie der ansässigen Bevölkerung Brennholz liefern oder sogar einen Exportartikel bilden, charakterisiert ist. Die einzelnen Unterabteilungen sollen nach Landschaften und nicht nach Pflanzen benannt werden, da keine von diesen treffend die Gebiete charakterisieren kann.

A. Algerische Sahara.

Die algerische Sahara umfasst den Süden Algeriens vom Atlas bis zum Fuss der centralen saharischen Erhebung und wird im Osten von der Linie Rhadames-Rhat, sowie weiter nördlich von den Westabhängen der tripolitanischen und tunesischen Tafelländer begrenzt, während im Westen keine scharfe Grenze vorhanden ist.

Unzweifelhaft die wichtigste Graminee für die Tuareg ist die auf Sandboden gedeihende Aristida pungens Desf. syn. Arthratherum pungens P. B., der das Klima der Sahara richtig zusagt. »Sie ist unzweifelhaft die verbreitetste Pflanze und bedeckt die meisten Flächen in der Sahara nördlich der Tuareggebirge; denn wo nur ein wenig vegetabilische Erde auf dem Boden vorhanden ist, da kann man sicher sein, sie zu finden,« sagt Henri Duveyrier. Sie leistet den Saharabewohnern die grössten Dienste: Wie ihr Stengel ihre Heerden ernährt, so bildet ihr Same für sie oft die einzige Nahrung. Der Same wird von ihnen lûl genannt. Was seinen Nährwert anlangt, so können wir uns auf das Zeugnis des grossen Wüstenreisenden Duveyrier berufen; er sah sich während seiner Reisen, wenn ihm die Lebensmittel ausgegangen waren, gezwungen, den lûl zu essen, und erkennt bereitwilligst an, dass er kein »zu verachtendes Lebensmittel« sei.[1] Zuweilen wird der lûl auch wie Getreide verkauft, aber sein Preis ist immer niedrig; zu Duveyriers Zeiten betrug er $\frac{1}{3}$ von dem der Gerste. Die Frauen und Kinder sammeln die Samen — aber nicht nur in Jahren der Teuerung, wie Cosson meint[2] — die dann zermahlen und als Brei oder Kuchen gegessen werden.[3]

---

[1] Duveyrier: Les Touareg du Nord p. 204.

[2] Cosson: Le règne végétale en Algérie p. 59.

[3] Duveyrier: Les Touareg du Nord p. 204 und P. Soleillet: L'Afrique occidental p. 177.

In ähnlicher Weise werden auch die Samen von Panicum turgidum Forsk. gebraucht.[1])

Ein wichtiges Nahrungsmittel bilden die auf Sand vorkommenden, sehr verbreiteten Trüffeln, Terfezia Leonis Tulasne, die aber stets nur nach Regen (nach C. Dickson angeblich besonders häufig nach Hagel)[2]) erscheinen. Überaus zahlreich bei Rhadames, wo C. Dickson bis 3 kg schwere Trüffeln sah; der Bericht von Ben-'Abd-en-Nuri-el-Hamiri-et-Tunsi, dass sie so gross seien, dass Kaninchen und Hasen ihre Nester darin bauen könnten, ist natürlich übertrieben. Duveyrier fand den Geschmack zwar angenehm, aber sehr beeinträchtigt durch den Sand, der in das Fleisch der Knollen eindringt und unangenehm zwischen den Zähnen knirrscht. Aber nichtsdestoweniger bieten sie, sobald sie erscheinen, ganzen Völkerschaften Nahrung.[3])

Auch das Gummi der mehr gegen den Süden der algerischen Sahara hin vorkommenden Akazien wird, sobald es hervorgequollen ist, von den hungrigen Tuareg gegessen.[4])

Sodann dienen zahlreiche Cruciferen den Tuareg zur Ernährung, wie: Diplotaxis Duveyrierana Coss., Diplotaxis pendula Dl., Eruca sativa. Lmk und Senebiera Lepidioïdes Coss. und D. R.[5])

Die Beeren des Zizyphus lotus L., die nach einigen Autoren die Lotusfrucht der Lotophagen sein sollen, sind süsssäuerlich, nicht schmackhaft, wenn auch im Sommer erfrischend und bilden kein hervorragendes Nahrungsmittel. Gegessen werden ferner: Aïzoon canariense L., Ephedra alata Dcne (wenig!), Salvadora persica L. (im Süden!), Erodium hirtum Willd[6]), zu Zeiten der Teuerung: Phelipaea violacea Desf. und Atriplex Halimus.[7])

Zur Verbesserung des Geschmacks benutzt man die zermahlene

---

[1]) Duveyrier: Les Touareg du Nord p. 204.

[2]) Citiert nach Ascherson in Rohlfs: Kufra p. 498.

[3]) Duveyrier: Les Touareg du Nord p. 208; Ascherson in Rohlfs: Kufra p. 498.

[4]) Duveyrier: Les Touareg du Nord p. 164 ff.

[5]) Duveyrier: Les Touareg du Nord p. 150/151.

[6]) Reboud nach Ascherson in Rohlfs: Kufra p. 416.

[7]) Duveyrier: Les Touareg du Nord p. 160, 175, 194, 191, 185. 183.

Wurzel von Cynomorium coccineum L., Erythrostictus punctatus Schldl., Rosmarinus officinalis L. u. a.[1]

Wir kommen nun zur Besprechung der Ausfuhrprodukte — wenn man sie so nennen will — der algerischen Sahara.

Zunächst hätten wir den Hyoscyamus Falezlez Coss., dessen getrocknete Blätter auf den Markt von Timbuktu kommen, wo sie sehr gesucht sind.[2] Doch wird von Duveyrier nichts über die Stellen, wo er zum Export gesammelt wird, gesagt; es ist aber wahrscheinlich, dass sie in der Nähe der Karawanenstrassen nach Timbuktu liegen. Auch über die Preise, die er auf dem Timbuktuer Markte erzielt, habe ich nichts gefunden. Diese Pflanze soll im Norden der algerischen Sahara ganz unschädlich sein und hier wohl (nach Ascherson) als Nahrungsmittel dienen, nach Süden hin aber giftiger werden. Nicht als Nahrungsmittel führt man ihn aus, sondern weil er ein gutes Mittel gegen Rheumatismus und Harnbeschwerden ist, sowie seines hohen Ansehens wegen, das er bei den Frauen geniesst. Da nämlich Wohlbeleibtheit die Damen der Tuareg und Araber für das non plus ultra der Schönheit halten, und sie gesehen haben, dass er die Maulesel und Ziegen fett macht, so haben sie versucht, ob er ihnen auch dieselben Vorteile gewährt wie den Wiederkäuern — und das Experiment soll bei ihnen nicht übel gelingen. Die Anwendung wollen wir hier übergehen.[3]

Die Stamm- und Wurzelrinde von Rhus dioïca Willd, eines in der ganzen algerischen Sahara verbreiteten Strauches, dient bei den Tuareg zum Gerben der Schaffelle. Sie bildet einen nicht unbeträchtlichen Exportartikel nach Gabes. Die Tuareg nennen sie aufar.[4]

Das aus den Früchten von Peganum Harmala L. gepresste Öl, zil-el-harmel genannt, wird weithin verschickt.[5]

Endlich wird Rosmarinus officinalis L. nach dem Sudan ausgeführt, wo er zur Würze der Nahrungsmittel dient.[6]

---

[1] Duveyrier: Les Touareg du Nord p. 207, 200, 186.

[2] Duveyrier: Les Touareg du Nord p. 182.

[3] Bonnet im Bulletin de la Société botaniqne de France XXIX p. 159 ff. und Duveyrier: Les Touareg du Nord p. 182 u. 437.

[4] Duveyrier: Les Touareg du Nord p. 160.

[5] Duveyrier: Les Touareg du Nord p. 158.

[6] Duveyrier: Les Touareg du Nord p. 186.

Thymus hirtus, der sowohl zum Würzen der Speisen Anwendung findet als auch für ein magenstärkendes Mittel gilt, wird
von den Bewohnern der Gegenden, wo er wächst, in den Oasen
gegen Datteln eingetauscht.[1])

Sodann gewinnt man durch Verbrennung von Atriplex Halimus L. und verschiedener anderer Salsolaceen Soda, das man zur
Seifenfabrikation benutzt.[2])

Die Früchte und Gallen der Tamarisken,[3]) sowie die Hülsen einer
strauchartigen Akazie, die von den Arabern »ankīsch«, von den Tuareg
»tamāt«[4]) genannt wird, werden zum Gerben der Felle gebraucht.

Was die Holz liefernden Bäume anlangt, so giebt es natur-
gemäss nur wenige in unserm Gebiete. Vor allem sind . die Tamarisken zu nennen; von ihnen kommt besonders Tamarix articulata
Vahl., »Etl« genannt, als Bau-, Nutz- wie Brennholz in Betracht.[5])
Pistacia atlantiaca Desf (Betum der Araber), ein grosser Baum, der
in der algerischen Sahara in den Daya (d. i. natürlichen Oasen)
bis zum 33.° n. Br. vorkommt, liefert ein gutes Holz.[6]) Folgende
Bäume und Sträucher geben ein gutes Werkholz: Tamarix gallica,
deren Holz sich hier gut hält, während es in den nördlicher gelegenen Gegenden leicht in Fäulnis übergeht,[7]) Calotropis procera
R. Br.[8]) und südlich des grossen Erg Salvadora persica L., die aber nur
in geschützten Thälern vorkommt.[9]) Als Brennholz wird in der Dünen-
region Calligonum comosum L'Hér. benutzt; es bildet oft die einzige Hilfe der Karawanen, um die Mahlzeit zu kochen.[10])

In Tuat gewinnt man aus der Calotropis procera R. Br. eine vorzügliche Kohle, die zur Pulverbereitung dient.[11]) Ob das Akazienholz
irgend welche Anwendung findet, habe ich nicht erfahren können.

---

[1]) Duveyrier: Les Touareg du Nord p. 186.
[2]) Duveyrier: Les Touareg du Nord p. 188/190.
[3]) Duveyrler: Les Touareg du Nord p. 172, 174.
[4]) Duveyrier: Les Touareg du Nord p. 167.
[5]) Duveyrier: Les Touareg du Nord p. 172.
[6]) Soleillet: L'Afrique occidental p. 142.
[7]) Duveyrier: Les Touareg du Nord p. 174.
[8]) Mission de Ghadamès p. 329 (Kronka!).
[9]) Duveyrier: Les Touareg du Nord p. 191.
[10]) Duveyrier: Les Touareg du Nord p. 192.
[11]) Duveyrier: Les Touareg du Nord p. 180.

B. Fessan.

Fessan wird im Norden von den schwarzen Bergen, im Westen von der Rhadames-Rhatlinie, im Süden vom Tümmogebirge begrenzt, während wir im Osten, wo eine natürliche Grenze fehlt, den 18° östl. L. von Gr. annehmen können.

Was die Nährpflanzen anbetrifft, so haben wir hier einige, die wir schon in Algerien kennen gelernt hatten. Die Hauptnahrung ist in Fessan die Dattel; daneben bilden aber einige wilde Pflanzen einen Hauptbestandteil der Kost ärmerer Leute.

Vor allem ist die Koloquinthe (Citrullus Colocynthidis Schrad.) zu nennen, die in vielen Wadis sowie den schwarzen Bergen vorkommt, und deren Kerne erst durch einen mühsamen Prozess geniessbar gemacht werden müssen. Sodann kommen in Betracht die weniger nahrhaften Beeren des Zizyphus lotus Lmk. (wie algerische Sahara), des kultivierten Zizyphus Spinae Christi Willd, sowie im. äussersten Süden die Früchte der Dompalme (Hyphaene thebaïca Mart.)[1]) Gegessen wird im Norden die Wurzel einer Erodiumart.[2]) Ferner werden die häufig vorkommenden Trüffeln hier (wie in der algerischen Sahara) viel verspeist. Barth rühmt ihren Geschmack.[3]) Weniger beliebt sind in Fessan, im Gegensatz zum Tuareglande, die Samen von Arthratherum pungens P. B.,[4]) und nur in der äussersten Not isst man sie wie die Beeren der im Süden massenhaft auftretenden — namentlich zwischen Mursuk und Suila, wo sie mit Alhagi Maurorum D. C. um den Boden streitet — Nitraria tridentata Desf., jene Beeren, die Consul Pélissier für den Lotus der Alten hielt.[5]) Desgleichen greift man, wenn alles verlässt, zu den Wurzeln von Alhagi Maurorum D. C., die man trocknet und zermahlt, sowie zu denen der Klees.[6]) Auch das Gummi der Akazien soll nach Vogel von den Eingeborenen gegessen werden,[7]) jedoch behauptet Duveyrier, dass es zum Verkauf gesammelt

---

[1]) Nachtigal: Sahara und Sudan I p. 128/129.
[2]) Ascherson in Rohlfs: Kufra p. 468.
[3]) Barth: Reisen und Entdeckungen . . . I p. 415.
[4]) Nachtigal: Sahara und Sudan I p. 129.
[5]) Duveyrier: Les Touareg du Nord p. 175.
[6]) Nachtigal: Sahara und Sudan I p. 129.
[7]) Vogel in Petermanns Mitteilungen 1855 p. 246/250.

werde. [1]) Nach Rohlfs dagegen wird es weder gesammelt noch als Nahrungsmittel benutzt, denn er sagt: »Stämme und Äste des Talha (Acacia Seyal) waren über und über mit Gummi bedeckt, das aber nur den unzähligen Fliegenschwärmen zu gute kommt, denn in den nördlichen Teilen der Sahara wird das Harz von den Eingeborenen nicht gesammelt . . . .« [2])

Nachtigal, Barth u. a. erwähnen von einer Verwendung des Gummis nichts. Die Frage, ob das Gummi den Fessanern als Lebensmittel dient, ist also noch als offen zu betrachten.

Als Gerbematerial benutzt man die Hülsen der hier wahrscheinlich angepflanzten Acacia arabica Willd. (?) [3]) Aus ihren Früchten, sowie einer aus Bilma gebrachten, jedenfalls vitriolhaltigen Erde bereitet man eine vorzügliche Tinte. [4])

Handel wird mit Coloquinthenkernen und Senna, die man beide auf dem Mursuker Markte findet, betrieben. [5])

Das Land ist als echtes Wüstenland sehr holzarm. Als Bauholz benutzt man ausser Palmen auch Tamarisken, letztere auch als Brenn- und Werkholz. [6]) Über die Benutzung des Akazienholzes habe ich nichts angegeben gefunden. Holzkohle bereitet man aus der Calotropis procera R. Rr. [7]) und der Crozophora tinctoria (L) A. Juss. var. verbascifolia (Willd) Mil. Arg. (nur im Norden). [8])

Nach Nachtigal bringen die Tuareg aus dem Wadi Rharbi Holzkohlen auf den Markt von Mursuk; doch wird nicht angegeben, von welcher Art sie stammen. [9])

C. Tripolitanien.

Tripolitanien ist hinreichend charakterisiert durch Halfa und Dattel. Die wildwachsenden Pflanzen spielen bei weitem nicht

---

[1]) Duveyrier: Les Touareg du Nord p. 164.
[2]) Rohlfs: Quer durch Afrika II p. 115.
[3]) Nachtigal: Sahara und Sudan I p. 214.
[4]) Lyon: Narrative of Travels in Northern Africa p. 248.
[5]) Nachtigal: Sahara und Sudan I 95.
[6]) Richardson: Travels II 223 sec. Ascherson in Rohlfs: Kufra p. 467.
[7]) Rohlfs: Quer durch Afrika II 279.
[8]) Rohlfs: Ques durch Afrika II 281.
[9]) Nachtigal: Sahara und Sudan I p. 95.

die Rolle in der Ernährung des Menschen wie in Fessan und Algier. Gegessen werden: Wurzeln von Erodium hirtum Willd,[1] Früchte von Zizyphus Lotus Lmk.,[2] Phelipaea violacea Desf., Phelipaea lutea Desf.,[3] Artiplex Halimus L.,[4] die Mannaflechte Lecanora esculenta Spr., die von einigen für das Manna der Bibel gehalten wird,[5] sowie die auch auf dem Markte von Tripolis feilgebotene Terfezia Leonis Tulasne,[6] und einige Asphodelusarten;[7] ausserdem giebt es andere Nährpflanzen, deren wissenschaftliche Namen jedoch noch nicht bekannt sind; in der Nähe der Küste findet man die zur Mittelmeerflora gehörigen Arten wie Johannisbrod u. a., ausserdem die Opuntia Ficus indica Haw.

Verschiedenen Nutzen gewährt die für das Übergangsland charakteristische Pistacia atlantica Desf.[8]. In der Küstenebene ist auch der Mastixstrauch (Pistacia Lentiscus L.) vorhanden.

Gerbematerial liefern die Hülsen der Acacia arabica (L.) Willd(?), die nur in den Gärten Soknas angepflanzt ist,[9] sowie besonders die Wurzelrinde von Rhus oxyacanthoïdes Dum. Cours., die von den Orfella nach Tripolis zu Markte getragen wird.[10]

Eine gute Holzkohle bereitet man aus dem Holz von Rhus oxyacanthoïdes Dum. Cours.[11]

D. Libysche Wüste und Nilthal.

Die libysche Wüste ist so pflanzenarm, dass für den Menschen nützliche Gewächse ausserhalb der bevorzugten Stellen in so ge-

---

[1] Ascherson in Rohlfs: Kufra p. 416.
[2] Rohlfs: Quer durch Afrika I p. 31.
[3] Ascherson in Rohlfs: Kufra p. 442.
[4] Ascherson in Rohlfs: Kufra p. 445.
[5] Renard et Lacour im Bulletin de la Société botanique de France 1881 p. 208.
[6] Lyon: Travels p. 37; Ascherson in Rohlfs: Kufra p. 460.
[7] Ascherson in Rohlfs: Kufra p. 453.
[8] Barth: Reisen und Entdeckungen . . . I p. 32.
[9] Ascherson in Rohlfs: Kufra p. 424.
[10] Ascherson in Rohlfs: Kufra p. 419/420.
[11] Vogel in Petermanns Mitteilungen 1855 p. 246/250.

ringem Masse vorkommen, dass sie gar keine Rolle spielen. Für die Oasen der westlichen libyschen Wüste und Siwah ist auch ausser der Dattelpalme kein charakteristisches Gewächs vorhanden, oder wollen wir lieber sagen, es wird kein Nutzen von den wildwachsenden Pflanzen erwähnt.

Für die Oasen Dachel, Chargeh, Farafrah und Barieh führe ich den seiner Holznutzung wegen in diesen holzarmen Gegenden zwar angepflanzten, aber ohne grosse Pflege gut gedeihenden Ssuntbaum (Acacia nilotica Del.) an. Er ist besonders charakteristisch für Dachel.[1] In Chargeh trifft man die Dompalme an, deren Holz weit nutzbarer ist als das der Dattelpalme;[2] doch denkt, wie mir Herr Kumm gütigst mitteilte, kein Mensch daran, sie in Gärten anzupflanzen — nach Ascherson sollte dies geschehen[3] — man findet sie vielmehr ausserhalb derselben sich selbst überlassen.

Charakteristisch für das Nilthal ist neben der Dattelpalme wieder der Ssunt (Acacia nilotica), den man sowohl kultiviert wie verwildert findet. Einmal ist er in diesem holzarmen Lande seines vorzüglichen Nutzholzes wegen wichtig — werden aus ihm doch auch die Nilbarken gebaut — sodann aber auch seiner gerbstoffhaltigen Früchte wegen, die hier wie in Fessan und andern Ländern als Gerbematerial dienen und auf den Markt gebracht werden.[4] Gutes Nutzholz liefern ferner Balanites aegyptiaca Del.[5] und Dompalme (Hyphaene thebaïca Mart.). Kohlen brennt man, wie mir Herr Kumm gütigst mitteilte, aus Calotropis procera (Willd.) R. Br.

Wilde Nährpflanzen kommen nicht in Betracht, da Datteln, Korn u. a. die vegetabilische Kost den Nilbewohnern in verschwenderischer Weise darbieten.

---

[1] Ascherson: Botanische Ergebnisse in lib. Wüste p. 8/9.
[2] Ascherson: Botanische Ergebnisse in lib. Wüste p. 9/10.
[3] Ascherson: Botanische Ergebnisse in lib. Wüste p. 9.
[4] Schweinfurth cit. nach Wönig: Die Pflanzen im alten Aegypten p. 302.
[5] Hartmann: Naturg.-mediz. Skizze der Nilländer p. 180/181.

IV.

Sennaprovinzen.

A. Aïr.

Früher bildete die Senna ein wichtiges Ausfuhrprodukt Aïrs wie Tibestis.[1]) Während nun der Export aus letzterem Lande schon vor langer Zeit aufgehört hat, blühte er aus Aïr bis vor kurzem. Heute aber ist die Senna fast ganz aus den Ausfuhrlisten von Tripolis, wohin sie gebracht wurde, verschwunden. Einerseits ist der Preis so gesunken und die Transportkosten und Transitsteuer so hoch, das sich der Handel kaum noch der Mühe lohnt, und andrerseits ist ihr Gebrauch durch die neuere Medizin sehr eingeschränkt. Wie bedeutende Mengen früher ausgeführt wurden, ersieht man daraus, dass dem König Hamâdi von Rhat 40 Kamelladungen verbrannt wurden.[2]) 1852 betrug der Preis für 50 kg in Rhat 19—24 Mk.,[3]) 1863 in Tripolis 16 Mk. gegen früher (ohne Angabe des Jahres!) 48 Mk.[4]) 1863 wurde für 4000 Mk. Senna aus Tripolis ausgeführt.[4]) (Vgl. oben die Ausfuhrzahlen für Senna und Gummi p. 31.) Nach Erzherzog Ludwig Salvator bildete Senna noch in den siebziger Jahren einen wichtigen Exportartikel.[5]) Heute jedoch findet man in den Konsularberichten keine Angaben mehr über Senna.

Die Senna (Cassia acutifolia D.) wird als Abführmittel benutzt. Die über Tripolis ausgeführte Senna führt in der Pharmacopoea germanica den Namen »Senna tripolitana«.

B. Nubien.

Auch hier liefert wie in Aïr die Cassia acutifolia die Senna, die nach ihrem wichtigsten Ausfuhrhafen »Senna alexandrina« genannt wird. Sie stammt aus Nubien, ein Teil wird auch wohl

---

[1]) Nachtigal: Sahara und Sudan I p. 413.
[2]) } G. A. Krause in der Zeitschrift der Gesellschaft für Erdkunde zu Berlin
[3]) } 1882 p. 303.
[4]) Mission de Ghadamès p. 46/47.
[5]) Sec. Ascherson in Rohlfs: Kufra p. 474.

aus dem Sudan gebracht. Die Ausfuhr ist auch hier sehr zurückgegangen; in der Statistik des »Commerce extérieur de l'Égypte« wird sie nicht einmal besonders aufgeführt. Es seien nur einige Werte der über Suakin gehenden Senna angeführt:

1896 45716 Mk.
1897 70828 »

Davon gingen nach England für 25642 Mk., Österreich-Ungarn für 45186 Mk., den ägytischen Häfen —.

V.
Coloquinthen-Siwakprovinz.

Unter diesem Namen wollen wir das südwestliche Tibesti, Borku, nordwestliche Ennedi, Bodele und Egeï zusammenfassen. Wollten wir die Provinz wieder in Unterprovinzen zerlegen, so könnten wir deren zwei aufstellen:

1. Tibesti (und nordwestliches Ennedi): Coloquinthen.
2. Borku, Egeï und Bodele: Siwak.

Ausser diesen beiden Gewächsen kommen noch andere in Betracht, so namentlich die Gräser, deren Samen die Stelle des Getreides vertreten, sowie in Tibesti die steinharte Frucht der Dompalme u. a.

Da in Tibesti gar kein Bodenwasser in geringer Tiefe vorhanden, also Gartenbau ausgeschlossen ist, und die Tibbu häufig durch Feindlichkeiten mit den Nachbarn von jeder Zufuhr abgeschnitten sind, so müssen sie sich armselig mit dem durchschlagen, was ihr Land hervorbringt.

Charakterisiert ist Tibesti durch Coloquinthe und Dompalme, obwohl letztere hier nicht so häufig ist wie in Borku. Die Coloquinthen werden im Sommer geerntet, die Kerne von der Schale befreit und durch folgenden komplizierten Prozess geniessbar gemacht: Die von der Schale getrennten Kerne werden mit der Asche von Kamelmist gemischt; das Gemenge bearbeitet man dann zwischen glatten Steinen, beraubt die Kerne dadurch eines Teils ihrer Bitterkeit und drastischen Eigenschaft und entfernt gleichzeitig den letzten Rest der Schalen. Nachdem man sie wieder geworfelt hat, kocht man sie mit den Laubspitzen des Etlbusches (Tamarix articulata Vahl.), wässert sie kalt ein und wiederholt diese Prozedur, bis jede Spur von Bitterkeit geschwunden ist. Endlich trocknet man sie an der Sonne und hat ein angenehmes und in Pulverform sehr geeignetes Nahrungsmittel gewonnen, zu dem man gern Datteln — sofern man solche besitzt — in demselben Zustande fügt.[1]) Der Same der Coloquinthen enthält nach Flückiger 48% fettes Öl und 18% Eiweiss.[2]) Duveyrier sowohl wie Nachtigal fanden die so zubereiteten Kerne schmackhaft.[3]) Schon die alten Schriftsteller kannten die Anwendung der Coloquinthenkerne als Nahrungsmittel bei den Tibbu — Troglodyten, wie sie sie nannten — und bespöttelten dieselbe mit Unrecht.[4]) — In Borku sind die Coloquinthen seltener anzutreffen. Die Baele tauschen von den Bewohnern Borkus die präparierten Kerne ein;[5]) ja in den nordwestlichen Thälern Ennedis scheinen die Coloquinthen sogar gesät zu werden.[6]) Die Dompalmen (Hyphaene thebaïca Mart.) nehmen in der für die Tibbu trostlosesten Zeit, nämlich vor den jährlich wiederkehrenden sommerlichen Niederschlägen, eine unverdiente Stellung unter den Nahrungsmitteln ein. Ihre steinharten Früchte müssen erst durch Klopfen mit Steinen erweicht werden, ehe sie genossen werden können. Ein längerer, ausschliesslicher Genuss führt zum Hungertode.[7]) Nur zu Zeiten äusserster Not werden sie in Borku gegessen.[8])

Die Samen von Panicum turgidum Forsk. (Bû Rukba von den Arabern, Gŭmĕschi von den Tibbu genannt) werden nur in Tibesti als Getreide geerntet und verwertet.[9])

---

[1]) Nachtigal: Sahara und Sudan I p. 249.
[2]) Just's botanischer Jahresbericht I 1873 p. 495.
[3]) Nachtigal: Sahara und Sudan I p. 249 und Duveyrier: Les Touareg du Nord p. 172.
[4]) Duveyrier: Les Touareg du Nord p. 172.
[5]) Nachtigal: Sahara und Sudan II p. 138.
[6]) Nachtigal: Sahara und Sudan II p. 179.
[7]) Nachtigal: Sahara und Sudan I p. 267.
[8]) Nachtigal: Sahara und Sudan II p. 147.
[9]) Nachtigal: Sahara und Sudan I p. 267.

Der Siwak, Salvadora persica L., ist in Borku, Bodele und Egei so verbreitet, dass seine Beeren für die Ernährung der Leute eine gewisse Bedeutung haben. Eine ganze Reihe von Stämmen wie die Dschagada und Dalea aus Kirdi, die Saugada und Jiri aus Ngurr den zusammenfassenden Spottnamen der Kukurda führen d. h. der Esser von Siwakbeeren.[1] Auch in einigen Teilen Tibestis, wo die Dompalme selten ist oder fehlt, wie Emi Zŭar, dienen sie als Nahrung.[2]

Eine Eragrostisart (Krêb von den Daza genannt) muss in Borku[3] und Ennedi[4] oft die Stelle des Getreides vertreten, ebenso der Akresch (Vilfa spicata P. B.), von dessen Samen sich Nachtigal eine Zeit lang ernähren musste.[5]

Grosse Bestände der Dattelpalme finden sich in Borku[6], vereinzelte nur im südwestlichen Tibesti und Ennedi.[7]

Nachdem wir so die den Tibbu von der Natur gegebenen Nahrungsmittel besprochen haben, erscheint es ganz natürlich, dass sie von aussen Datteln und Getreide einführen müssen, zumal sie wenig animalische Kost geniessen. Aber zuweilen, wenn Kriege ausgebrochen sind, ist die Zufuhr ganz abgeschnitten, und dann müssen sie sich mit dem wenigen, das ihr Land hervorbringt, durchfristen.[8] — Die Daza (das sind die Bewohner Borkus) würden in ihrem bevorzugten Lande Datteln, Weizen u. a. in genügendem Masse ernten, wenn nicht Feinde sie des Lohnes ihrer Arbeit beraubten.[9] Doch ist der Hunger oft da und sie müssen sich dann mit Siwak, Dom- und Grassamen armselig aushelfen.[9] — Die Baele (das sind die Bewohner Ennedis) essen animalische Kost und führen Getreide von aussen ein. Nur in einigen Thälern des nordwestlichen Ennedi sind sie auf Coloquinthen und Grassamen angewiesen.[10]

---

[1] Nachtigal: Sahara und Sudan II p. 88.
[2] Nachtigal: Sahara und Sudan I p. 281.
[3] Nachtigal: Sahara und Sudan II p. 138.
[4] Nachtigal: Sahara und Sudan II p. 179.
[5] Nachtigal: Sahara und Sudan II p. 138, II p. 168.
[6] Nachtigal: Sahara und Sudan II p. 137.
[7] Nachtigal: Sahara und Sudan I p. 269, II p. 168.
[8] Nachtigal: Sahara und Sudan I p. 267 u. a.
[9] Nachtigal: Sahara und Sudan II p. 147.
[10] Nachtigal: Sahara und Sudan II p. 179.

Exportartikel existieren nicht.

In der häuslichen Industrie dienen die Hülsen der Acacia nilotica Del, Acacia Verek G. P. R. und Acacia albida Del in Tibesti zum Gerben der Felle.[1]) Gummi wird zum Verkauf nicht gesammelt.

Aus den Dumpalmen wissen die Tibbu und Baele Stricke und Matten zu machen, die ersten werden von den Baele auch wohl aus dem Baste der tracia Seyal Del. gefertigt.[2])

VI.

Bergland der Ahaggar.

Bis jetzt ist noch kein Reisender in das Innere des centralen Massives der Sahara eingedrungen. Alle unsere Nachrichten, die wir, von ihm besitzen, sind spärlich, namentlich was Nutzpflanzen anlangt, und beruhen auf Erkundigungen von Reisenden. Palmenkultur fehlt dem Hochlande bis auf die Pflanzung von Ideles; Fleisch und Milch bildet die Hauptnahrung[3]), und die Datteln werden von Rhat, Tuat und anderen Oasen eingehandelt. Über die anderen Vegetabilien wissen wir nichts.

Am Südabhange des Plateaus von Tasili zwischen Rhat und Djaret befindet sich ein ansehnlicher Wald von Tarût (Callitris quadrivalvis Vent). Alles Bauholz in Rhat und Djaret wird von diesem Baume geliefert.[4]) Ausserdem wird sein wohlriechendes Holz nach G. A. Krause nach dem Sudan ausgeführt; da aber 1879 ein faustgrosses Stück nur 60 Kaurimuscheln kostete, zu derselben Zeit aber 4500 Muscheln einen Wert von weniger als 4 Mark hatten, so ersieht man die geringe Bedeutung dieses Artikels.[5])

Wertvolle Hölzer liefernde Bäume sind folgende vorhanden:

1. Jatim (arabisch) adjar (tuariksch) in Ahaggar, seltener auf dem

---

[1]) Nachtigal: Sahara und Sudan I p. 414.

[2]) Nachtigal: Sahara und Sudan I p. 521, II p. 179.

[3]) Fischer: Die Dattelpalme p. 65.

[4]) Duveyrier: Les Touareg du Nord p. 210.

[5]) Zeitschrift der Gesellschaft für Erdkunde zu Berlin 1882 p. 303.

Tasili, dessen braunes, kostbares Holz zur Anfertigung von Speerschäften benutzt wird.

2. Jabnūs, in demselben Gebiete wie 1 verbreitet; Duveyrier
identificiert ihn mit dem Ebenholze. Er wird wie der Jatim zu
Speerschäften gebraucht.

Verschiedene Akazien, wie isarher und kinba, deren Holz wiederum zu Speerschäften, sowie tadjidjart, deren Hülsen zum Gerben
der Felle dienen, sind in unserem Gebiete vorhanden.[1] Tamarisken
und andere Bäume und Sträucher kommen gleichfalls vor.

VII.
Westliche Sahara.

Lange Zeit hielt man die westliche Sahara für eine traurige
Wüste, so öde wie die libysche. Aus den Berichten der Reisenden
jedoch, die dies Gebiet durchquert haben, geht hervor, dass dem
durchaus nicht so ist, dass im Gegenteil viele Wüstenweiden vorhanden sind, die die Haltung grosser Herden ermöglichen. Leider
ist das Gebiet floristisch noch gar nicht erforscht; auch die Berichte
der Reisenden enthalten wenig auf unser Thema Bezügliches.

Im Süden der westlichen Sahara, vor dem Auftreten der lichten
Waldungen der Wüstensteppe, bedeckt ein Halfa genanntes Gras
(species indeterminata) weite Flächen. Bei Arauan heisst sie El
Meraia, d. h. der Spiegel (wegen der silberweissen Fläche, die die
im Winde bewegte Halfa annimmt).[2] Angaben über Benutzung bei
den Eingeborenen fehlen, doch wird sie von ihnen aus den Ebenen
von Jnchiri und Tasiast als Tauschartikel nach Senegambien gebracht.[3]

An bevorzugten Stellen im Norden wie im Süden haben wir
Dattelpflanzungen, so im Norden: Seguia el Hamra[4], im Süden:
Adrar Tamar, Asauad, Arhaschar, Tischit[5], Tauurta[6] u. a.

[1] Duveyrier: Les Touareg du Nord p. 211—213.
[2] Lenz: Timbuktu II p. 107.
[3] Donnet: Une Mission au Sahara occidental p. 62.
[4] Fitzau: Die Nordwestküste Afrikas von Agadir bis St. Louis p. 235.
[5] Fischer: Die Dattelpalme p. 65.
[6] Fitzau: Die Nordwestküste Afrikas von Agadir bis St. Louis p. 244.

Der Reichtum an Akazien ist in der Nähe der Küste, wo die feuchte Seeluft sich bemerkbar macht, ein grosser; aber auch manche Wadis sind schön mit diesen Bäumen bestanden, so Wadi Terni. Das in dem Seguia el Hamra gewonnene Gummi soll nach Marokko gehen.[1]) Ungeheure Gummiwälder besitzt die Oase Adrar Tamar; aber bis vor einigen Jahren wurde das Gummi so gut wie nicht ausgebeutet, sagt doch Dounet: »Mes les gommes du Nord, mais les gommes de l'Adrar, dont on récolte de si grandes quantités que, suivant Masqueray, on les donnerait pour rien à ceux qui les iraient chercher«.[2])

VIII.

Wüste östlich des Nilthales.

Datteln und Getreide, die eingetauscht werden, bilden die vegetabilische Hauptnahrung. Doch sollen hier, soweit möglich, alle essbare Früchte tragenden Bäume und Sträucher, sowie andere Nahrung liefernden Gewächse aufgezählt werden.

Thebaïs: Die Früchte von Mesembryanthemum Forskalii Hochst. werden von den Beduinen als Brotsurrogat benutzt.[3]) Die schleimigen Früchte wie die jüngsten Triebe der Zweige von Leptadenia pyrotechnica Dcne. werden gegessen; sie schmecken etwas blausäureartig wie unsere Kirschstiele. Die im Sommer reifenden birnartigen Früchte der Capparis galeata Fres. sind, wenn ganz weich und reif, essbar, doch muss die scharfe Haut vorher abgezogen werden. Essbar sind ferner die weissen, kleinen Beeren des Ochradenus baccatus Del., die linsengrossen, aber wohlschmeckenden Früchte des Lycium barbarum L., sowie die von Glossonema Boreanum Desf. und Nitraria tridentata. Essbare Früchte liefern ferner die nicht überall vorhandenen Sträucher der Salvadora persica L. und der Balanites aegyptiaca Del.[4])

---

[1]) Fitzau: Die Nordwestküste Afrikas von Agadir bis St. Louis p. 245.
[2]) Donnet: Une Mission au Sahara occidental p. 62.
[3]) Klunzinger in Zeitschrift der Gesellschaft für Erdkunde zu Berlin p. 447.
[4]) Klunzinger in Zeitschrift der Gesellsch. für Erdkunde zu Berlin p. 432/462.

Im Lande am Elba- und Soturbagebirge sind folgende Bäume und Sträucher mit essbaren Früchten vorhanden: Hyperanthera, Balanites, Capparis galeata, Sodada, Maerua, Cocculus Leaeba, Cordia subopposita und Salvadora. (Einige von ihnen sind uns schon von der Thebais her bekannt.) Die Früchte zeichnen sich nach Schweinfurth[1]) weder durch Grösse noch Saftreichtum, am wenigsten durch Schmackhaftigkeit aus. Sie rangieren unter der Kategorie der Beeren unserer Eberesche und Faulbaumes. In Nubien kommen zu diesen noch die Dompalme (Hyphaene thebaïca), die Argunpalme (Hyphane Argun), letztere nur in der nubischen Wüste unter $21\frac{1}{2}°$ n. Br., sowie einige Zizyphusarten, aus deren Früchten bei einigen Volksstämmen Brot gebacken wird.[2])

Gemüse und Speisewürze liefern folgende Pflanzen: Blätter von Eruca sativa (Aegypten)[3]); Wurzeln von Erodium hirtum (arabische Wüste); Rumex vesicarius (als Gemüse in der arabischen Wüste und in der Thebais gekocht). Einen guten Salat liefern in der Wüste die zarten, saftigen und angenehm schmeckenden Blätter von Diplotaxis acris und Centaurea eryngoides.[4])

Wichtig ist die arabische und nubische Wüste als Brennholzlieferantin für das holzarme Nilthal. Die Bewohner bringen Reisig und Kohle auf den Markt. Die letztere wird in der aegyptischen Wüste und in der Thebais aus dem Holze der dort massenhaft auftretenden Acacia tortilis bereitet,[5]) in Nubien aus verschiedenen Akazienarten, dem Stamm der Dompalme, der Calotropis procera u. a. (nach einer mündlichen Mitteilung von Herrn Kumm). An der Küste findet die stellenweise sehr häufig auftretende (bis $26°\,5'$ n. Br.) Avicennia officinalis als Brennholz Verwendung, was bei der verhältnismässig bedeutenden Armut an Brennmaterialien wichtig ist.[6]) In der Wüste selbst liefern noch verschiedene

---

[1]) Schweinfurth: »Das Land am Elba und Soturba-Gebirge« in Petermanns Mitteilungen 1865.

[2]) Hartmann: Naturgeschichtlich-mediz. Skizze der Nilländer p. 176/177.

[3]) Hartmann: Naturgeschichtlich-mediz. Skizze der Nilländer p. 177.

[4]) Schweinfurth: »Forschungen im arab. Wüstenplateau von Mittelägypten« in Petermanns Mitteilungen 1887.

[5]) Klunzinger in Zeitschr. der Gesellsch. für Erdk. zu Berlin p. 448.

[6]) Schweinfurth: Flora des Soturba p. 16.

andere Bäume und Sträucher, wie Leptadenia pyrotechnica gutes Brennholz.

Von Nutzholz liefernden Bäumen sind die wichtigsten: Acacia albida, leicht; Balanites aegyptiaca, zähe, dauerhaft; Zizyphus, zähe, dauerhaft; Tamarix, ziemlich brauchbar; sämtlich in Nubien.[1] Am Elbà- und Soturbagebirge geben 14 Bäume ein zur Anfertigung grösserer Gegenstände geeignetes Holz.[2] Da in der arabisch-aegyptischen Wüste keine Bäume, sondern nur Sträucher vorhanden sind, so haben wir dort auch kein Nutzholz zu erwarten. Juncus acutus, aus dem in Kairo kostspielige Matten verfertigt werden, tritt auf dem Isthmus von Suez im Bassin der Bitterseen massenhaft auf, aber ebenso auch bei Kosser, Elessel und Wadi Gemal, wohin Kaufleute aus Suez kommen, um diese Pflanze zu sammeln.[3]

Zu Mattenflechtereien dienen ferner die Blätter der Dompalme, Halfa (Poa cynosuroïdes), Andropogon giganteus u. a.; aus den Blattfäden und Blättern von Hyphaene thebaïca werden Stricke verfertigt.[4]

Die Soda liefernden Pflanzen will ich hier übergehen.

Zum Schlusse will ich noch die Behausung der Bischarin erwähnen; es ist nämlich der Laubenbaum (Maerua rigida R. Br.) Die abwärts gerichteten, vielfach verzweigten Äste, die bis auf den Boden reichen, runden die Krone zu einer halbkugeligen Masse ab; das Ganze macht den Eindruck einer Laube, indem die Äste nach aussen zu belaubt und dornbildend, nach innen aber nackt erscheinen. Nur an der Nordseite gewahren wir einen Eingang, aus dem der 4 Fuss Durchmesser habende Stamm hervorleuchtet. Die Bäume bilden die „paradiesischen Behausungen" der Bischarin. Hier hängen an den Zweigen ihre Wasserschläuche, ihre Waffen, ihre Körbe und sonstige Habe; hier halten sie ihre Mittagsruhe, geschützt vor den Strahlen einer tropischen Sonne. Das Innere solcher Lauben ist zuweilen mit Ziegenkot wie ausgepolstert.[5]

---

[1] Hartmann: Naturg.-mediz. Skizze der Nilländer p. 180/181.

[2] Schweinfurth: »Das Land am Elba und Soturba-Gebirge« in Petermanns Mitteilungen 1865.

[3] Zeitschrift der Gesellschaft für Erdkunde zu Berlin 1878 p. 456.

[4] Hartmann: Naturg.-mediz. Skizze der Nilländer.

[5] Schweinfurth: Flora des Soturba p. 13.

IX.
Balanites-Domprovinz.

Um das Land, das zwischen den beiden Gummiprovinzen im Süden der Sahara liegt, kurz zu charakterisieren, können wir es das Gebiet der Balanites aegyptiaca und der Hyphaene thebaïca nennen.

Die Früchte von Balanites heissen bei den Arabern Tamr d'abid', d. h. Dattel der Sklaven, bei den Kanuri »bito«. Sie wird von Barth die centralafrikanische Dattel genannt und steht bei den Kanuri in so hohem Ansehen, dass sie das Sprichwort haben: »Der Bitobaum gleicht einer Milchkuh«[1]) Die Früchte und Kerne werden nach entsprechender Vorbereitung gegessen; Barth sah sogar in Baghirmi Brot, das aus seinen Früchten bereitet war. Ausserdem dienen die Früchte und Wurzeln als Seife, weshalb dieser Baum von den Reisenden auch wohl »Seifenbaum« genannt wird. Die Blätter sind zu Saucen sehr erwünscht, namentlich dort, wo der Affenbrotbaum fehlt oder nicht häufig ist. Endlich findet sein gutes Holz überall Verwendung.

Die Früchte der Dompalme benutzt man zur Würze des aus Negerhirse bereiteten Breies. Aber auch in den ärmeren Gegenden der Steppe nähren sich die Bewohner von ihren Früchten, die hier bedeutend besser sind als in Tibesti. Besonders wichtig ist sie aber dadurch, dass man sie zum Flechten von Matten und anderen Utensilien und zum Drehen von Stricken verwenden kann.

Endlich liefern noch die Zizyphusarten in verschiedenen Gegenden einen nicht unwesentlichen Beitrag zur Nahrung, sowie Pennisetum dichotomum Del (letzteres besonderes von den Tuareg zwischen Bornu und Timbuktu verwertet.) Die Dattelpalme wird zwar im Norden Bornus, Wadaïs, Darfurs u. a. angepflanzt, aber ihre Früchte sind nicht besonders gut.

Holz und Hülsen der Acacia nilotica werden benutzt. Aus dem Baste der Calotropis procera werden in Darfor ausgezeichnete Stricke gemacht.

---

[1]) B a r t h: Reisen und Entdeckungen . . II p. 398.

Endlich sei noch erwähnt, dass am Tsade aus der Asche von Salvadora persica (Siwak) Salz gewonnen wird, was bei der Armut des Sudan an diesem Mineral von Wichtigkeit ist.[1])

In den südlicheren Landschaften des Gebietes zwischen den beiden Gummiprovinzen werden diese obigen Bäume durch Affenbrotbaum und Tamarinden abgelöst.

---

[1]) Nach Barth: Reisen und Entdeckungen ... und Nachtigal: Sahara und Sudan.

Lebenslauf.

Verfasser vorliegender Arbeit, Erich Ernst Friedrich Dürkop, wurde am 5. März 1879 zu Wolfenbüttel geboren. Er besuchte von Ostern 1885 bis Ostern 1889 die dortige Bürgerschule und von Ostern 1889 bis Ostern 1898 das dortige Gymnasium. Letzteres verliess er Ostern 1898 mit dem Zeugnis der Reife und bezog die Universität Tübingen, um sich dem Studium der Naturwissenschaften zu widmen. Ostern 1899 bezog er die Universität Leipzig, die er aber schon nach einem Semester wieder verliess, um sich Michaelis 1899 nach der Universität Jena zu begeben, der er noch jetzt angehört.

Während seiner Studien besuchte er die Vorlesungen und Praktika folgender Herren:

In Tübingen: Stahl, von Brill, Vöchting, Oberbeck, Koken, Hettner, Maurer, Correns.

In Leipzig: Wislicenus, Pfeffer, Chun, Ratzel, Heinze, Felix, Prüfer.

In Jena: Haeckel, Stahl, Knorr, Linck, Biedermann, Liebmann, Detmer, Dove, Wolff, Verworn, Ziegler, Walther, L. Schultze, Dinger.

Allen diesen Herren, insbesondere aber Herrn Professor Dr. Dove, unter dessen liebenswürdiger Leitung vorliegende Arbeit ausgeführt wurde, meinen aufrichtigsten, tiefgefühltesten Dank!